洪湖水环境中典型重金属的健康风险评价

Health Risk Assessment of Typical Heavy Metals in the Water Environment of Honghu Lake

张敬东　著

科学出版社
北京

内 容 简 介

本书结合实地调研、现场采样、实验分析、模型评估等方法，对洪湖水环境中多介质（水体、沉积物、食用鱼类、水生植物）中的重金属（铬、铜、铅、锌和镉）及类金属砷进行环境生态与健康风险评估，并从生态保护与人体健康两个角度，提出具有针对性和成体系的洪湖水环境管控对策和相关建议。本书综合考虑洪湖水体、沉积物、食用鱼类和水生植物中重金属的含量分析与元素富集的规律，采用模糊数据，改进已有环境健康风险评价与环境生态风险评价模型，通过多介质风险，从空间管理、优先控制元素管理及迁移转化路径管理三个角度提出综合管理策略，为管理决策者提供直观、全面的风险管理支持。

本书可供环境健康风险相关领域的研究人员及政府决策部门人员等阅读参考。

图书在版编目（CIP）数据

洪湖水环境中典型重金属的健康风险评价/张敬东著. —北京:科学出版社，2022.3

国家社科基金后期资助项目

ISBN 978-7-03-071419-0

Ⅰ.①洪…　Ⅱ.①张…　Ⅲ.①洪湖-水环境-重金属污染-风险评价　Ⅳ.①X524

中国版本图书馆 CIP 数据核字（2022）第 024276 号

责任编辑：刘　畅/责任校对：高　嵘
责任印制：彭　超/封面设计：无极书装

科学出版社 出版
北京东黄城根北街 16 号
邮政编码：100717
http://www.sciencep.com

武汉中科兴业印务有限公司印刷
科学出版社发行　各地新华书店经销

*

开本：B5（720×1000）
2022 年 3 月第　一　版　　印张：10 3/4
2022 年 3 月第一次印刷　　字数：300 000

定价：98.00 元

国家社科基金后期资助项目
出版说明

后期资助项目是国家社科基金设立的一类重要项目，旨在鼓励广大社科研究者潜心治学，支持基础研究多出优秀成果。它是经过严格评审，从接近完成的科研成果中遴选立项的。为扩大后期资助项目的影响，更好地推动学术发展，促进成果转化，全国哲学社会科学工作办公室按照“统一设计、统一标识、统一版式、形成系列”的总体要求，组织出版国家社科基金后期资助项目成果。

全国哲学社会科学工作办公室

前　言

洪湖位于湖北省的中南部，地处江汉平原和洞庭湖平原的过渡地带，是我国第七大淡水湖。该湖泊一直兼具农渔生产、净化污水、居民供水、蓄洪排涝、物种保护、气候调节、航运旅游等多种功能，对周边地区的经济社会发展与周边居民的身体健康都具有重大影响。而近年来，洪湖水质没有稳定达到地表水 III 类水质管理目标，常有 IV 类水质状况发生。目前对洪湖水体和底泥的研究较少，已有相关研究结果显示，洪湖水体和底泥中典型重金属表现出一定的富集，也表明周围的人类活动已经对洪湖水环境造成一定的影响。

重金属具有较高毒性和持久性，近年来，我国时常发生水体重金属污染环境公害事件，这些环境公害事件不仅表明重金属容易被生物富集，还引发了环保领域从环境质量管理向环境健康管理的变革。定量化重金属环境暴露的健康风险、识别管理路径、制订管理策略，成为当下环境科学、社会学与管理学共同的研究热点。又因为环境系统的复杂性和科学方法的局限性，控制不确定性并制订科学的管理策略则是该领域研究与实际管理的重点与难点。本书以洪湖为例，对洪湖水环境中多介质（水体、沉积物、食用鱼类及水生植物）重金属进行采样与实验分析，以总量控制、迁移路径、暴露行为为关注重点，构建模糊数学方法，控制不确定性，并开展环境健康与生态风险评价与管理策略分析，为洪湖水环境重金属管理提出风险控制策略，以期为同类型湖泊重金属污染防治及风险评价提供借鉴与参考。

本书采用三角模糊数的模糊健康风险评价方法，对洪湖水体中典型重金属（铬、铜、铅、锌和镉）及类金属砷含量的空间异质性和暴露参数的不确定性进行分析，基于健康风险等级的最大隶属度来表征风险水平可能性的空间分布特征，最终识别优先控制重金属和重点关注风险控制区，评价得到的结果可以为风险管理提供参考。表层沉积物作为水体重金属的“源”和“汇”，对重金属的管理具有重要意义。本书通过系统布点，对采集的表层沉积物开展检测与分析，表征洪湖表层沉积物中重金属的富集状况。利用 BCR 的连续提取法，获取各采样点表层沉积物中重金属形态分布特征。从“总量控制”与“形态管理”两个目标，联合定义沉积物中重金属的生态风险，并通过平均值的确定性评价，识别优先控制重金属。利用模糊综合评价方法，对采样点进行单点评估，并用空间插值表征综合风险的空间分布。在不同风险等级下，隶属度被用于量化风险的可能性，降低空间管理决策过程中的数据冗余，更加直观地辅助决策，从而最终为风险管理者提供“元素”“区域”“总量”“形态”多维度耦合的决策支持。

考虑生物富集作用，本书以养殖鱼、野生鱼和典型水生植物（凤眼莲）为代表，进行重金属富集与健康风险评价。利用生物富集系数和转移系数来比较不同动植物器官对不同重金属的富集情况。通过多种方法评估鱼类消费的健康风险，例如将因子和多因子污染指数法（均方根综合指数法、综合污染指数法及金属污染指数法）作为重金属污染程度评价方法，选取靶器官危害系数法、预计每周摄入法、致癌风险法初步量化鱼类重金属健康风险识别鱼类摄入暴露的主要控制因子。另外，采用凤眼莲作为水生植物的代表，评估其食品消费造成的健康风险，量化重金属摄入量对其的影响。基于识别的主要控制路径，分析风险干预的重要环节，并核算人体健康风险要求下水质浓度基准。另外采用相关性分析方法，研究水-沉积物-水生植物的重金属富集与迁移转化规律，细化重金属的生态风险。

课题研究历时三年多，针对洪湖水生态系统的多种介质中的重金属污染状况及其健康风险水平进行研究。其间恰逢新冠肺炎疫情爆发，近一年时间无法奔赴洪湖现场，对课题研究现场调研及采样等有较大影响。但是，课题组成员仍克服重重困难，待疫情稍有好转后深入实地采样调研并获得了宝贵的一手数据，为完善本书的研究提供了科学的支撑数据和材料。

全书共分八章：第一章介绍洪湖水环境概况；第二章介绍湖泊水环境重金属污染研究进展；第三章对洪湖水体中重金属的健康风险进行分析评价；第四章对洪湖沉积物中重金属的生态风险进行评价；第五章研究洪湖食用鱼类中重金属富集的种间差异和器官差异，评价相应的重金属健康风险，并以水-鱼联合暴露为主控暴露风险管理路径，估算洪湖健康水质基准；第六章以洪湖凤眼莲为代表性水生植物，研究沉积物-水-凤眼莲重金属富集规律，并评价健康风险；第七章分析洪湖重金属人体健康基准；第八章综合已有研究成果，提出洪湖水环境中重金属污染防治对策与健康风险管控建议。

由衷感谢中南财经政法大学环境健康中心研究团队！尤其要感谢中心的李飞老师和刘朝阳老师，在他们的科学规划和协作配合下，课题研究得以顺利开展并取得成果！感谢中心研究生仇珍珍、肖敏思、朱丽芸、蔡莹、李亚男、杨昭飞、陈曦垚、王运玲和欧昌宏等同学的辛勤付出，以及在现场采样、实验室分析和资料整理等环节做出的贡献！感谢陈伟老师在实地考察及采样过程中提供的帮助和支持！感谢杨俊老师、冯瑞香老师为本书提供的多方面的支持。本书引用了许多专家学者的研究成果，除在参考文献中列出外，再次向他们表示诚挚的敬意。

由于作者水平、科研设备及研究条件有限，书中难免存在疏漏之处，真诚欢迎各位同行专家和读者批评并提出宝贵意见和建议。

张敬东

2021年12月10日

目　录

第一章 绪　论

洪湖湿地是长江中游地区重要的湿地生态区域，在国际上也享有盛名，被列入《国际重要湿地名录》，同时也是《全国湿地保护工程规划（2002—2030年）》的优先保护工程。洪湖市在长江经济带发展中具有十分重要的作用，洪湖港口是长江经济带上的重要港口，洪湖的生态功能和经济地位无可替代。本章将主要介绍洪湖概况、洪湖工农业等社会经济发展现状、洪湖水环境质量现状、洪湖水环境中重金属污染来源，以及本书研究思路与主要内容。

第一节 洪湖概况

一、自然概况

洪湖湿地位于有“千湖之省”美称的湖北省的中南部，是湖北省“两圈一带”的复合交叉区域，生态功能和经济地位无可替代（辜庆，2012）。凭借其广阔的水域、茂盛的水生植物、清澈的水质和丰富的水产品，洪湖自古以来就被誉为“鱼米之乡”和“人间天堂”。洪湖是我国第七大淡水湖，其功能以调节存储水量为主，是长江中游重要的调蓄型湖泊，是江汉平原重要的水源地之一，也是华中地区极具意义的“生物基因库”（刘韬，2007）。

2018年深入推动长江经济带发展座谈会上，习近平总书记强调提升长江经济带发展是推动经济高质量发展的必要前提。洪湖市在长江经济带中扮演着非常重要的“节点”角色，洪湖市域长江岸线长达135 km，占湖北省长江岸线总长度的12.7%，是全国长江岸线最长的县市。洪湖市紧邻湖北长江经济带龙头——武汉市，随着以武汉为中心的长江港口和高速交通体系的不断完善推进，洪湖将背靠武汉、连接荆州，发挥其辐射周边的重要作用。洪湖市将被打造成“节点城市”，随着荆岳长江大桥和随岳高速公路全面通车，洪湖城区与岳阳将形成一个“半小时经济圈”，这对在此段江岸与岳阳展开合作与竞争、共同创建“长江中游经济带”十分有利。

（一）位置地形

洪湖湖泊水域范围介于东经113°12′50″～113°28′33″、北纬29°41′55″～29°58′02″，湖心坐标为东经113°20′13″、北纬29°51′20″。行政区划上，洪湖隶属于湖北省荆州市，位于洪湖市（沙口镇、新堤街道办事处、螺山镇、汉河镇、滨湖街道办事处和翟家湾镇）与监利市（白螺镇、桥市镇、福田寺镇、棋盘乡、柘木乡、朱河镇和汴河镇）之间（贾丽，2013）。洪湖有着平直的湖岸、浅碟形的湖盆、平坦的湖底，整体轮廓为不规则多边形。洪湖水域面积达348.33 km^2，东西最大长度为23.4 km，南北最大宽度为20.8 km，自西向东略有倾斜，西浅东深。根据挖沟咀水位站观测资料统计，洪湖历史最高水位为25.63 m（1969年7月1日），最低水位为21.04 m（1977年3月9日），多年平均水位为22.63 m。

（二）气候特点

洪湖湿地自然保护区位于北亚热带中纬度地区，季风环境控制了近地层，属于亚热带湿润季风气候。季风气候显著，表现出冬夏长、春秋短，且夏季炎热多雨，盛行东南季风或西南季风，冬季寒冷干燥，多为东北季风，春秋两种季风交替过渡。本区年平均气温在16.6℃左右，由东南向西北逐渐递减。常年最冷月为1月，平均气温为3.8℃；常年最热月为7月和8月，平均气温为28.9℃。本区年均降雨量在1000～1300 mm，且4～10月降雨量约占全年总降雨量的74%，降雨空间分布是由东南向西北递减，年均蒸发量为1354 mm。本区现有湖泊可调蓄容量为8.16×10^8 m^3，因此，降雨量和本区自产水量超过可调蓄容量时，则会产生洪涝灾害。该地≥10℃年积温一般为5100～5300℃，其初日在4月上旬，终日在11月上旬，平均日照时数为1987.7 h，无霜期长，一般为250 d以上（储蓉，2009）。

（三）水文特征

洪湖市南依长江、北接东荆河，区域内有四湖（长湖、三湖、白露湖、洪湖）交汇，其中千亩①以上的湖泊有洪湖、大沙湖、大同湖等21个。区域内还有总干渠、南港河、中府河等大小河渠113条，河渠总长度达900 km，因此，洪湖市享有“百湖之市”“水乡泽国”之美誉，极具江南水网地理特征（尹发能，2009）。洪湖湖区位于四湖流域中区平原水网腹地和下区结合部，区域水系错综复杂。洪湖水面北与四湖总干渠贯通，西与螺山电排渠

① 1亩≈666.67 m^2，后同

毗邻，南抵幺河口闸，东接老内荆河。沿湖有进出口 22 处，其中闸口 5 处，明口 17 处。来水主要由四湖总干渠通过新河口、柳口、坛子口、闸口 4 个明口入湖，出水经新滩口闸、新滩口泵站和新堤闸排泄入长江，或经高潭口泵站提排入东荆河。洪湖水资源主要由自然降雨形成的地表径流和地下水及过境客水构成，整体水资源充沛，且地下水资源尚未得到广泛利用。水生生物生长情况良好，生物饵料资源充足，水域生物生产力高，多年水质监测结果显示洪湖以 III 类水质为主，但偶有 IV 类水质（湖北省水文水资源局，2014）。

（四）地质地貌

洪湖所在的四湖地区属于我国东部新华夏系第二大沉降带的江汉沉降区。它是由燕山运动形成的内部裂谷盆地。其结构模型由西北、西北西和东北北线控制。燕山运动后在该地区形成的两组岩石断层将该区域切成许多巨石断层。第四纪之前，在外部地质力量的作用下，形成了巨大而深厚的山麓冲积物和湖相沉积物。全新世以来形成了数个河谷洼地，其中之一是长江与东荆河之间的洼地。洼地两面都有河流沉积物，堆积了天然或人造堤防，洼地中部潜水不顺畅，河道壅塞变成了湖泊，形成了洪湖。洪湖所处的四湖地区具有相对独特的地貌类型，主要是冲积平原和湖相平原，但由于其主要由一系列河流间洼地组成，微观湖泊的地形具有明显的差异性，包括沿河的高坡平原和低坡度的河流。

二、生态资源

（一）鱼类资源

洪湖鱼类资源丰富，是湖北省主要产鱼区。20 世纪 50 年代有鱼类 182 种，60 年代有鱼类 114 种，70 年代有鱼类 89 种，现有 7 目 18 科的 57 种鱼类，其中隶属于鲤科的鱼类占 58.5%。洪湖湿地现有太湖短吻银鱼和鳍等省级重点保护鱼类。在繁多的鱼类资源中：凶猛的肉食性鱼类占 57.4%，包括乌鳜、黄颡鱼、黄鳝、鲶鱼等；杂食性鱼类占 22.2%，包括鲫、泥鳅、鲤鱼等；草食性鱼类仅占 7.4%，包括草鱼、鳊鱼等；食藻类和腐屑的鱼类占 12.3%，包括鲴类和鳑鲏等 7 种；而以浮游生物为食的只有鲢和鳙 2 种（宋天祥 等，1999）。

（二）鸟类资源

洪湖湿地现有 16 目 38 科的 138 种鸟类资源。作为鸟类越冬重要的湿地水禽栖息地，洪湖每年有超过 100 万只雁、鸭和其他水禽栖息于此。在洪湖现有鸟类中有：中华秋沙鸭、白尾海雕、黑鹳、白肩雕、东方白鹳、大鸨 6 种国家一级保护野生动物；白额雁、白琵鹭、斑头鸺鹠、大鵟、鸳鸯、大天鹅、小天鹅、栗鸢、普通鵟、短耳鸮、红脚隼、草鸮、松雀鹰共 13 种国家二级保护野生动物；苍鹭、灰喜鹊、绿头鸭、大白鹭、白鹭、杜鹃等 38 种湖北省重点保护的鸟类（杨其仁 等，1999）。

（三）野生动物资源

洪湖湿地现有野生动物主要有爬行类、两栖类和兽类等。爬行类野生动物有王锦蛇、黑眉锦蛇、乌梢蛇、银环蛇、乌龟、中华鳖等 2 目 7 科 12 种，其中王锦蛇、乌梢蛇、黑眉锦蛇和银环蛇为湖北省重点保护野生动物。两栖类野生动物有虎纹蛙、中华大蟾蜍等 1 目 2 科 6 种，其中虎纹蛙为国家二级保护野生动物。另有獐、黑麂、蝙蝠、华南兔、褐家鼠、刺猬、沼泽田鼠、黄胸鼠、黑线姬鼠、小家鼠、黄鼬、狗獾、猪獾等 6 目 7 科 13 种兽属类野生动物，其中獐和黑麂为国家重点保护野生动物（胡龙成，1998）。

（四）植物资源

洪湖湿地现有植物 752 种，其中浮游植物 280 种，水生植物 472 种。现有 7 门 77 属 280 种浮游植物，其中：绿藻门 32 属 133 种；硅藻门 20 属 97 种；蓝藻门 13 属 26 种；还有裸藻门、金藻门、甲藻门、隐藻门等。现有水生植物 44 科 91 属 472 种，包含蕨类植物、裸子植物、双子叶植物、单子叶植物等。在这 163 个分类群中，湿生植物有 89 种 2 变种，挺水植物有 22 种 5 变种，沉水植物有 20 种，漂浮植物有 13 种，浮叶根生植物有 12 种，它们分别占洪湖水生植物区系的 55.83%、16.56%、12.27%、7.98% 和 7.36%。粗梗水蕨、莲、野大豆、野菱 4 种野生植物入选了国家林业和草原局、农业农村部联合发布的《国家重点保护野生植物名录》，是国家二级保护野生植物（任宪友 等，2007）。

三、综合功能

洪湖作为长江经济带中重要的调蓄型湖泊，其生态服务功能的多样性是不言而喻的（刘韬，2007），主要体现在以下几个方面。

（一）防洪排涝

洪湖作为江汉湖群的大湖，连接长江和四湖各个下级水系，是主航道水位的“主开关”。合理调节洪湖水位是实现和调整洪湖许多功能的关键环节，也是水资源管理中的关键问题。四湖流域水利工程众多：上区内有田关泵站、田关闸等主要工程设施；中区内有总干、东干、西干、螺山渠、排涝河等构成的骨干排水渠网，以及福田寺闸和高潭口泵站等骨干工程设施，洪湖是中区的调蓄湖泊；下区内有总干渠、新滩口泵站、新滩口排水闸等主要工程设施，新滩口是总干渠的主要排水出口（陈世俭 等，2002）。洪湖是四湖中下游地区洪水的主要出口。它不仅从福田寺流域接纳来水，而且在高潭口和新滩口流域调整并存储剩余涝水，形成了以洪湖为储水中心的统一排水系统。洪湖是各流域排水设施的连接点，四湖流域中下部的 6 个主要排水通道均与洪湖相连。通过洪湖的连接，各流域的洪水可以相互协调，中下游地区的河道、湖泊、闸门和站点可以有机地结合在一起。部署协同工作和整合可以在空间和时间上合理地应对内涝，以实现排水效果的最佳化。

（二）灌溉供水

洪湖是下内荆河灌区灌溉的主要水源，下内荆河灌区灌溉面积达 71.32 万亩。洪湖主要河渠配套排灌涵闸下新河闸、子贝渊闸、小港闸、张大口闸等 11 处，设计总流量为 920.79 m^2/s。建成主要排灌站高潭口泵站、新螺垸泵站、铁牛泵站、新滩口泵站等，总装机容量 39905 kW，设计流量为 487.2 m^2/s。建成内荆河、子贝渊河等主要排灌渠道 18 条，总长度达 129.18 km，其中：灌溉渠道 2 条，长 38.50 km；排水渠道 14 条，长 84.58 km；排灌渠道 2 条，长 6.1 km。

（三）水产养殖

洪湖是我国重要水产区，湖中盛产各类鱼、虾、蟹、龟、鳖、螺和莲藕，淡水产品年产量位居全国前列，已建成全国闻名的水产基地和外贸出口基地。2011 年洪湖水产品产量为 36.54 万 t，渔业产值达 39.84 亿元。2010 年农业部批准设立了洪湖国家级水产种质资源保护区，保护区总面积为 2700 hm^2，其中核心区域面积为 1450 hm^2，实验区面积为 1250 hm^2，主要保护对象为黄鳝，其他保护对象包括鳜、黄颡鱼、翘嘴鲌、乌鳢等。

（四）旅游景观

洪湖湿地风景优美，物产丰富，历史人文景观众多，是我国中部地区珍贵的集美学景观、历史文化与生态资源特质于一体的复合型自然湿地。洪湖已被列入《国际重要湿地名录》，其丰富的物种资源、较高的保护价值和观赏价值，使洪湖生态旅游资源独树一帜。自古以来，洪湖人才济济，文化底蕴深厚，人力资源丰富。它拥有著名的三国时期古战场，又是第二次国内革命战争时期湘鄂西革命根据地的中心，已成为热门的旅游目的地。

第二节 洪湖工农业等社会经济现状

一、人口

近年来，洪湖流域城镇化水平不断提高。《2020 年洪湖市国民经济和社会发展统计公报》显示，全市 2020 年年末户籍人口 90.92 万人，其中户籍非农业人口 37.3 万人，农业人口 53.62 万人。全年出生人口 7950 人，出生率 8.7‰，死亡人口 6476 人，死亡率 7.1‰，人口自然增长率 1.6‰。城镇常住居民人均可支配收入 32655 元，同比下降 2.4%；农村常住居民人均可支配收入 18529 元，同比下降 0.3%。

二、农业

洪湖流域农业生产稳步发展。2020 年洪湖市实现农业总产值 155.14 亿元，比上年增长 2.0%。农业增加值 90.21 亿元，比上年增长 1.7%。

粮食面积、油料总产均有增长。2020 年粮食播种面积达 142.10 万亩，比上年增加 1.11 万亩，增长 0.8%。全年粮食总产 63.82 万 t，比上年减少 1.47 万 t，下降 2.3%。棉花总产量 1780 t，比上年下降 27.8%。油料总产量 8.14 万 t，比上年增长 2.5%。

畜牧业、渔业总体情况较为稳定。全年生猪出栏 22.52 万头，比上年下降 29.2%；家禽出笼 357.32 万只，比上年下降 17.0%；全年水产品产量 39.23 万吨，与上年持平；水产养殖面积 86.25 万亩，与上年持平。

三、工业

近年来洪湖市工业稳步发展。2020 年面对疫情、汛情的双重夹击，洪湖市工业在巨大的困难挑战面前实现恢复向好发展，成效好于预期。全市 122 家规模以上工业企业完成总产值 221.32 亿元，同比下降 9.0%，规模工业增加值同比下降 7.9%。其中 41 家农产品加工企业完成工业总产值 140.84 亿元，同比下降 10.2%。农产品加工业产值与农业产值比例为 90.78%。

洪湖市工业产业正逐步恢复。2020 年全市规模以上工业企业实现主营业务收入 165.58 亿元，比上年下降 9.3%；实现利税 15.91 亿元，增长 4.3%。全部工业企业入库税金 3.88 亿元，同比下降 0.5%。其中规模以上工业企业入库税金 3.21 亿元，同比增长 4.52%。

第三节 洪湖水环境质量现状

根据湖北省环境保护厅发布的《2016 年湖北省环境质量状况》，2016 年洪湖总体水质为轻度污染，营养状态级别为中营养。8 个监测点位中，1 个监测点位水质为 V 类，其余 7 个监测点位水质均为 IV 类，未达到功能区规划标准（II 类），主要超标项目为总磷（total phosphorus，TP）、化学需氧量（chemical oxygen demand，COD）和高锰酸盐指数（COD_{Mn}）。

图 1.1 为洪湖 2007～2016 年水环境质量状况演变图，洪湖水质呈波动变化，具体可以分为三个阶段。①第一阶段为水质恶劣阶段，在 2007～2010 年，洪湖水质均为 IV 类，水质较差。②第二阶段为水质显著改善阶段，2011 年水质得到显著改善，达到了功能区规划 II 类标准。③第三阶段为水质较差阶段，2012～2015 年为 III 类水质，2016 年水质再度变差，为 IV 类。结合表 1.1 可知，2007～2016 年洪湖总体水质以 III 类和 IV 类为主，仅在 2011 年达到了功能区规划标准（II 类）。这十年期间，洪湖整体水质营养状态处于中营养水平。

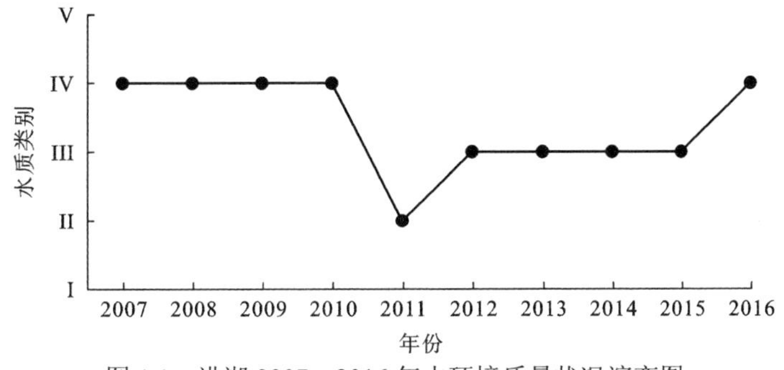

图 1.1 洪湖 2007～2016 年水环境质量状况演变图

表 1.1 2007～2016 年洪湖水质状况

项目	2007 年	2008 年	2009 年	2010 年	2011 年	2012 年	2013 年	2014 年	2015 年	2016 年
水质类别	IV	IV	IV	IV	II	III	III	III	III	IV
营养状态级别	中	中	中	中	中	中	中	中	中	中

表 1.2 列出的是 2007～2016 年洪湖水质超标项目，从表中可知，2007～2016 年洪湖水质波动变化较大。2011 年洪湖水质达到最佳，所有监测指标均处于检测标准之内。2008 年和 2009 年洪湖水质最差，超标项目最多。洪湖水质的总磷和高锰酸盐指数超标次数较多，其次是五日生化需氧量

（5-day biochemical oxygen demand，BOD_5）、总氮（total nitrogen，TN）和化学需氧量。综合来看，洪湖水环境受人类活动影响较大，总体水质暂未达到国家规定的 II 类水质标准。

表 1.2　2007～2016 年洪湖水质超标项目

超标项目	2007 年	2008 年	2009 年	2010 年	2011 年	2012 年	2013 年	2014 年	2015 年	2016 年
COD									√	√
TN	√	√	√	√						
TP	√	√	√	√				√	√	√
COD_{Mn}	√	√	√			√	√	√	√	√
BOD_5		√	√	√						

2015 年和 2016 年洪湖内监测点位水质状况如表 1.3 所示，各监测点位在 2015 年基本处于 III 类水质，2016 年处于 IV 类水质，除了蓝田，其他监测点位的水质都有不同程度的恶化，其中桐梓湖点位的水质恶化最为严重，2016 年处于 V 类水质。各监测点位的营养状态级别均为中营养。

表 1.3　2015 年和 2016 年洪湖内各监测点位水质状况

监测点位	2015 年				2016 年			
	点位水质类别	超标项目	营养指数	营养状态级别	点位水质类别	超标项目	营养指数	营养状态级别
湖心	III	TP、COD	43.5	中营养	IV	COD、TP	42.5	中营养
蓝田	IV	TP、COD、COD_{Mn}	45.3	中营养	IV	TP、COD、氨氮	45.9	中营养
排水闸	III	TP、COD	44.4	中营养	IV	COD、TP、COD_{Mn}	43.0	中营养
小港	III	TP、COD、COD_{Mn}	45.6	中营养	IV	COD、TP、COD_{Mn}	45.0	中营养
湖心 B	III	TP、COD	43.9	中营养	IV	COD、TP	44.3	中营养
下新河	IV	COD、TP、COD_{Mn}	45.6	中营养	IV	COD、TP、氨氮	44.3	中营养
杨柴湖	III	TP、COD	42.3	中营养	IV	COD、TP、COD_{Mn}	42.4	中营养
桐梓湖	III	TP、COD、COD_{Mn}	43.8	中营养	V	COD、TP、氨氮	42.6	中营养

洪湖周边水域四湖流域的水质状况如表 1.4 所示。2016 年四湖流域水质总体为轻度污染。13 个监测断面中，水质 IV～V 类的占 92.3%，水质劣 V 类的占 7.7%。功能区水质达标率为 7.7%，主要超标项目为氨氮、BOD_5 和 COD。其中，何桥监测断面水质较差，污染严重。四湖流域总体水质与 2015 年相比有所好转。

表 1.4 2015 年和 2016 年洪湖周边水域四湖流域的水质状况

水系	断面所在地	监测断面	2015 年		2016 年	
			水质类别	超标项目	水质类别	超标项目
豉湖渠	荆州	何桥	劣 V	氨氮、TP、BOD_5	劣 V	氨氮、TP、BOD_5
西干渠	监利	滩河口	V	BOD_5、TP、COD	V	BOD_5、COD、氨氮
四湖总干渠	洪湖	新滩	IV	COD	IV	COD
	洪湖	瞿家湾	IV	COD	IV	氨氮、COD
	监利	福田泵站	V	BOD_5、TP、COD	V	氨氮、BOD_5、COD
	荆州	新河村	劣 V	BOD_5、氨氮、COD	V	氨氮、溶解氧、BOD_5
东荆河	荆州	新刘家台	劣 V	氨氮、TP、BOD_5	III	TP、氨氮、BOD_5
	洪湖	汉洪大桥	IV	COD	IV	COD、氨氮、BOD_5
监新河	监利	火把堤	劣 V	BOD_5、氨氮、COD	V	氨氮、BOD_5、TP
排涝河	监利	平桥	劣 V	氨氮、BOD_5、COD	V	氨氮、BOD_5、TP
朱家河	监利	朱河	V	BOD_5	IV	—
螺山	监利	桐梓湖	V	BOD_5、COD	IV	BOD_5、氨氮、COD
干渠	监利	张家湖	V	BOD_5、COD	IV	BOD_5、氨氮、COD

胡学玉等(2006)和姜刘志等(2012)结合氮、磷元素和有机物对 1990～2010 年洪湖水质状况的变化趋势进行了探索和研究，结果表明在 1990～2010 年的 20 年中，受到洪湖自身水质变化、围网捕鱼和围湖造田等影响，水质发生过波动，但洪湖的总体水质主要处于 III 类和 IV 类。李昆等(2015)分析了洪湖水质的空间差异性和污染源，发现水体中总氮、总磷、高锰酸盐指数、氨氮等多项指标含量超标。学者对洪湖水质的研究大多集中在水体中氮、磷元素和有机物污染，评估水体的营养状态、分析水质污染对生态环境和水生生物造成的危害（李昆 等，2015；班璇 等，2011；杜耘 等，

2005；王学雷 等，2003），甚少研究水体中的重金属污染。Makokha 等（2016）检测了洞庭湖和洪湖的水体和沉积物中 8 种重金属的含量、空间分布，利用霍坎松（Hakanson）潜在生态风险指数法评估了重金属导致的潜在生态风险等级。Hu 等（2012）用 ^{210}Pb 定量技术进行了洪湖水体和沉积物中的重金属生态风险评价。另外，郑煌等（2016）在研究洪湖沉积物重金属污染中发现，洪湖底泥已被铅和镉污染，且主要来自内源污染。总的来说，现有研究结果表明，洪湖水体已受到一定程度的重金属（铬、铅等）污染，但目前研究学者的关注点更多集中在洪湖重金属污染水平的表征，甚少有研究洪湖水体中重金属对人体的潜在健康风险。

第四节　洪湖水环境中重金属来源

湖泊中重金属的来源十分广泛，主要被划分为两种类型：自然来源与人为来源。自然来源是指通过自然物质的大气沉降、地表径流、雨水冲刷、自然风化等地球化学循环方式进入水体，这种由自然赋予的重金属构成了水环境的重金属背景值，对水环境不造成危害（谢晓君 等，2017；许延娜 等，2013）。人为来源是指通过工业、农业、生活等人类活动将重金属引入水体（曾霞 等，2012；胡丹，2011），包括外部来源和内部来源。洪湖重金属的外部来源主要是从四湖总干渠等周边水域随着地表径流流入洪湖。四湖总干渠上起长湖习家口闸、流经沙市、江陵、潜江、监利等区（县、市），接纳沿途农业灌溉尾水和部分生活污水、工业废水，通过总干渠南堤汇入洪湖，是洪湖最大的外源污染源。此外还有洪排河、监北干渠等承接沿岸城乡生活污水和农业灌溉尾水，再通过下新河闸、子贝渊闸等汇入洪湖。内源污染来自湖泊水域内人工种植和养殖。

一、工业点源污染

当地经济发展主要靠工业的发展推动。然而，当人们对环境认识不深刻、大力发展工业时，并更多地利用环境污染来换取不可持续的经济发展。洪湖周围许多工厂大多位于河流和沟渠附近，大量工业废水被排入湖中，导致水质下降，同时无专业人员管控治理更加速了水污染的恶化。例如，在四湖总干渠上建造的小型造纸厂和黄姜加工厂，这些工厂消耗大量的水，每年将数千吨未经处理或处理不达标的废水排入洪湖。这些工厂的污水对洪湖水体产生较为严重的影响，对洪湖水质造成了严重污染。面对日益严格的城市执法，污染源的范围已逐渐从大中型城镇转移到小型城镇和郊区。研究表明，金属矿产的开采和冶炼导致环境介质中铅、锌和镉的大量积累，纺织业贡献了大量的锌和铝，塑料业加剧了钴、铬、镉和汞在环境中的积累，微电子行业产生了更多的铜、镍、镉、锌和锑污染。

二、农业面源污染

洪湖是重要的水产养殖基地之一，水产养殖产生的农业面源污染也是洪湖水环境重金属的重要来源之一。农业面源污染的本质是氮磷污染，主要是由农业种植养殖过程中大量使用农药、化肥和鱼饲料等造成的。根据洪湖市农业农村局的统计，氮磷肥的年度使用量大约有 100 万 t，但其中三成的氮磷肥会在使用过程中流失，而流失的氮磷肥使水体富营养化，从而导致凤眼莲等浮游植物过量繁殖，水体中鱼、虾、贝类大量死亡。而且喷洒的药物实际并没有全部作用于农作物，而是只有少量能附着于农作物并发挥其效用价值，大部分都飘散在空气中或者沉降到土壤里，经由大气沉降和地表径流进入水体，造成危害。农业土地上化肥中的磷肥导致镉的残留，有机肥致使锌、铜、铬和铅的残留，农药的使用加剧了砷[①]污染，饲料添加剂的流失造成铜、锌、铬、铅和汞的污染。

另外，农业养殖污染也是一种不容忽视的污染来源。围湖造田导致湖泊面积的减少，过度开发和资源的大量使用降低了湖泊的再生能力。1980 年以前，洪湖的水产养殖主要在子湖群和低洼地，1990 年开始进入大湖圈养，且蟹类水产养殖增加。2004 年，洪湖水产养殖面积达到 2.51 万 km^2，约占湖泊总面积的 80%，远远超出了洪湖本身的允许繁殖面积和生物承载力。养殖过程中使用的鱼饵和鱼药会提高水环境中重金属的浓度，并且，大量的湖泊围栏阻碍了污染物扩散，降低了水生环境的自净能力。

三、生活垃圾污染

人类生产生活中产生的各种垃圾、使用的各种洗涤剂和产生的污水等也是湖泊中重金属不可忽视的来源。含有重金属的生活废弃物进入水体时，会释放其中的有毒有害重金属污染水体，并随水流不断扩散，影响水体的自净化。

① 砷为类金属，但其毒性与重金属相近，因此本书将其归为重金属

第五节　本书主要内容与研究思路

本书研究内容主要包括三个部分：第一部分以洪湖水和沉积物为主要研究对象，进行洪湖重金属污染评估与风险识别，通过现场调研、实验室检测、数据分析等手段，研究水体和沉积物中重金属的污染水平、空间分布，并探索沉积物中重金属的赋存形态；第二部分以洪湖鱼类与典型植物为代表，分析生物有机体对重金属的富集作用，主要包括家养/野生鱼类鱼杂与鱼肉的重金属含量分析，典型植物凤眼莲的各器官中重金属的富集与迁移；第三部分则是对上述介质中重金属的风险进行核算、表征，并与相应介质的其他评价方法进行对比分析，采用模糊综合评价法、三角模糊数法重点围绕各个评价方法的不确定性开展研究。有针对性地提出洪湖水环境重金属污染研究和健康风险管控对策，为我国其他湖泊水环境污染防治及风险管控提供参考。

洪湖水环境重金属研究的技术路线如图 1.2 所示，通过深入的文献查阅和背景调研，确定以洪湖水环境作为研究对象，并依据国家标准、专家建议和文献综述制订环境数据采样与监测方案。《环境影响评价技术导则 地表水环境》（HJ 2.3—2018）规定了湖库的地表水环境影响评价的一级评价等级的要求是至少丰水期和枯水期，二级和三级的要求是至少枯水期。因此，常规采样通常分为夏季丰水期和冬季枯水期两次。本书的采样涉及 2015 年 11 月（冬季枯水期）和 2016 年 9 月（夏季丰水期）两次，符合规范。9 月处于夏季 4～10 月的丰水期内，11 月处于冬季枯水期内，符合对水域研究的一般要求。获取洪湖水环境质量数据后，首先通过水体和沉积物中重金属含量与我国湖泊环境质量标准进行对比分析，并与其他湖泊水质进行横向对比研究，利用地理信息系统（geographic information system，GIS）技术进行重金属空间分布分析，确定洪湖无机环境中重金属的污染水平。由于无机环境中重金属污染极易富集到有机生命体中，对人体可能造成一定危害，需要进一步研究以鱼类和凤眼莲为代表的有机环境中重金属富集的情况。通过研究介质中重金属含量与相应国家标准限值的对比分析，鱼类和凤眼莲各器官中重金属分布及其与其他同类研究的对比分析，确定鱼类和凤眼莲中重金属的富集情况。通过对洪湖水环境多介质中重金属污染风险的识别，进行洪湖水环境重金属健康风险评价，采用三角模糊评价法和综合评价法降低现有风险评价方法的不确定性，筛选出洪湖优先控制重金属、优先控制区域和优先控制途径。最终依据洪湖水环境重金属污染及其健康风险，有针对性地提出洪湖水环境重金属污染防控的对策与建议。

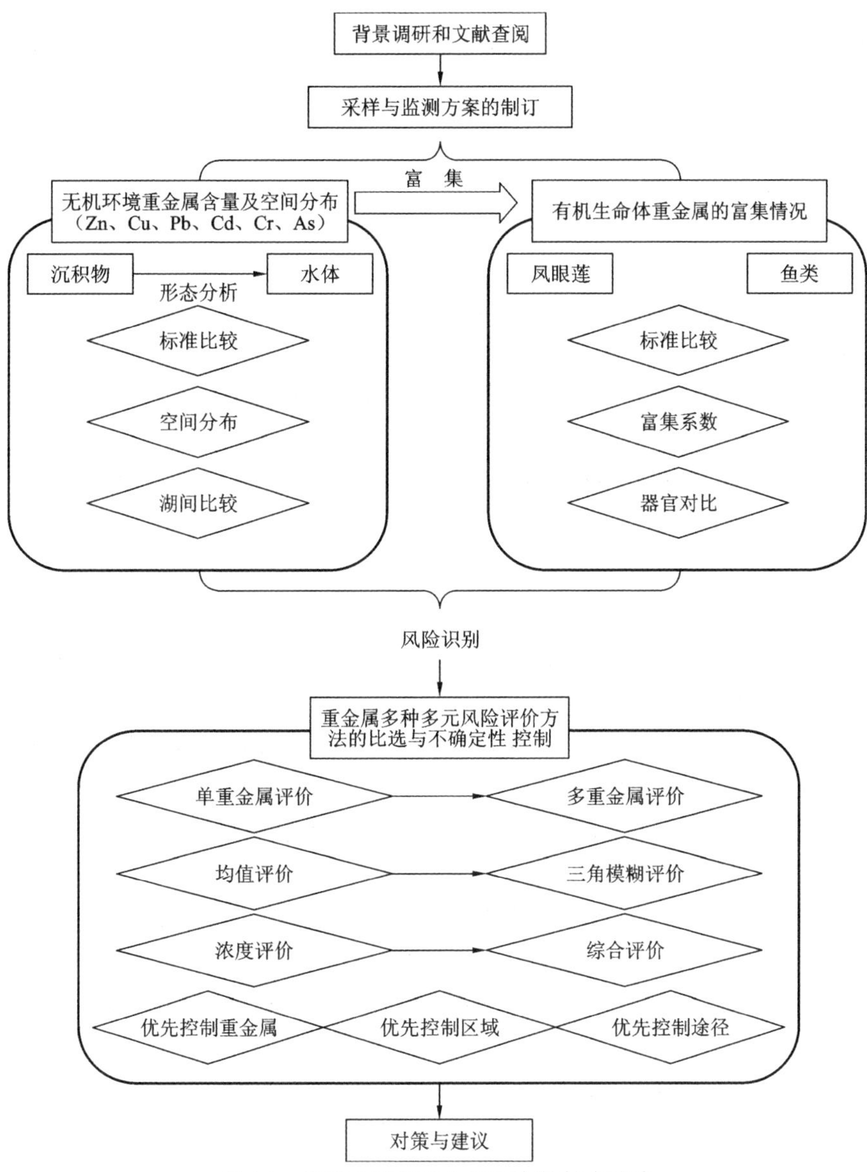

图 1.2 洪湖水环境重金属研究的技术路线

参 考 文 献

班璇, 杜耘, 吴秋珍, 等, 2011. 四湖流域水环境污染现状空间分布和污染源分析[J]. 长江流域资源与环境(s1): 112-116.

陈世俭, 王学雷, 卢山, 2002. 洪湖的水资源与水位调控[J]. 华中师范大学学报(自然科学版), 36(1): 121-124.

储蓉, 2009. 洪湖湿地土地资源适宜性空间分析与优化空间模式初探[J]. 城市建设与商业网点(26): 471-473.

杜耘, 陈萍, KIEKO SATO, 等, 2005. 洪湖水环境现状及主导因子分析[J]. 长江流域资源与环境, 14(4): 481-485.

辜庆, 2012. 生态政府建设在洪湖湿地环境保护中的效用研究[J]. 商品与质量(s5): 50-50.

胡丹, 2011. 洪湖水质及污染源调查与分析[J]. 大众科技(2): 80-81.

胡龙成, 1998. 洪湖湿地自然保护区[J]. 野生动物学报(5): 24-25.

胡学玉, 陈德林, 艾天成, 2006. 1990～2003 年洪湖水体环境质量演变分析[J]. 湿地科学, 4(2): 115-120.

湖北省水文水资源局, 2014. 湖北省湖泊集[M]. 武汉: 长江出版社.

贾丽, 2013. 洪湖湿地自然生态补偿研究[D]. 武汉: 华中师范大学.

姜刘志, 王学雷, 厉恩华, 等, 2012. 生态恢复前后的洪湖水质变化特征及驱动因素[J]. 湿地科学, 10(2): 188-193.

李昆, 王玲, 李兆华, 等, 2015. 丰水期洪湖水质空间变异特征及驱动力分析[J]. 环境科学, 36(4): 1285-1292.

刘韬, 2007. 湖北四湖流域生态环境需水量研究: 以洪湖为例[D]. 武汉: 中国科学院测量与地球物理研究所.

任宪友, 吴胜军, 2007. 洪湖湿地综合评价研究[J]. 国土资源科技管理, 24(5): 95-99.

宋天祥, 张国华, 1999. 洪湖鱼类多样性研究[J]. 应用生态学报, 10(1): 86-90.

王学雷, 刘兴土, 吴宜进, 2003. 洪湖水环境特征与湖泊湿地净化能力研究[J]. 武汉大学学报(理学版), 49(2): 217-220.

谢晓君, 王方园, 王光军, 等, 2017. 中国地表水重金属污染的进展研究[J]. 环境科学与管理, 42(2): 31-34.

许延娜, 牛明雷, 张晓云, 2013. 我国重金属污染来源及污染现状概述[J]. 资源节约与环保(2): 55.

薛靖东, 2018.《2017 年国民经济和社会发展统计公报》发布 GDP 达 827122 亿元[J]. 中国经济信息(5):11.

杨其仁, 王小立, 吴发清, 等, 1999. 1996 年～1997 年洪湖湿地鸟类调查报告[J]. 华中师范大学学报(自然科学版)(2): 263-265.

尹发能, 2009. 四湖流域景观生态建设与流域生态管理研究[C]. 中国地理学会百年庆典学术论文摘要集: 49-53.

曾霞, 赵琼, 王玉宝, 等, 2012. 四湖流域水污染的生态补偿机制研究: 以洪湖为例[J]. 湖北经济学院学报(人文社会科学版), 9(9): 62-63.

郑煌, 杨丹, 邢新丽, 等, 2016. 洪湖沉积柱中重金属的历史分布特征及来源[J]. 中国环境科学, 36(7): 2139-2145.

HU Y, QI S H, WU C X, et al. , 2012. Preliminary assessment of heavy metal contamination in surface water and sediments from Honghu Lake, east central China[J]. Frontiers of Earth Science, 6(1): 39-47.

MAKOKHA V A, QI Y, SHEN Y, et al. , 2016. Concentrations, distribution, and ecological risk assessment of heavy metals in the East Dongting and Honghu Lake, China[J]. Exposure and Health, 8(1): 31-41.

第二章　湖泊水环境重金属污染研究进展

随着人口数量的持续上升、城镇化进程逐步推进，我国科学技术不断创新、经济飞速发展，不可避免地导致水环境污染问题日益加剧，其中重金属污染甚为突出。湖泊水质的恶化破坏了原有的生态环境，影响了当地经济发展，还会危害公众健康。目前已有不少学者对湖泊水体、沉积物和水生生物中的重金属污染开展了调查研究，开发出重金属污染程度评价、健康风险评价、存在形态分析等分析评价方法。本章将以水环境重金属为主题，对水体、沉积物和水生生物中重金属的富集、迁移与评价进行研究进展的综述。

第一节　我国湖泊水环境重金属污染概况

重金属一般是指密度超过 4.5 g/m^3 的金属，大部分的重金属是自然界存在的非人体生命活动所必需的，但也有部分微量重金属对人体生命活动发挥着重要作用，如铜、锌、锰等。因重金属或其化合物引起的环境污染称为重金属污染，目前被列为环境污染物的重金属主要包括生物毒性较强的铬、镉、铅、汞等，以及具有毒性的铜、锌、锡、镍等元素。重金属在自然环境下由于降解难度大，并且容易随着生物迁移转化作用在生物体内产生生物富集和生物放大效应，具有较高水平的毒性和持久性，从而被世界各国严加管控。相关毒理学实验研究发现，重金属一旦进入人体且累积超过一定剂量，则会危害人体健康，诱发多种疾病。因此重金属污染是一类较为严重的环境污染问题。

研究重金属在水环境中的迁移转化规律，对水环境管理至关重要。进入水体的重金属会在水-悬浮物-沉积物界面进行沉淀溶解、氧化还原、吸附解吸、形成络合胶体等一系列物理化学过程，从而完成元素在物质间的转化和环境介质间的迁移，最终以一种或多种较为稳定的形态留存在水环境中。已有研究表明，水体中的重金属元素在环境条件适宜的情况下会转移至沉积物中，且当环境条件有变化时，沉积物中积累的重金属可能会重新进入水中（李莉 等，2010；吉芳英 等，2009；周建民 等，2005）。水温、pH、氧化还原电位、离子强度等环境因素对这种水-沉积物之间重金属的分配具有重要影响。温度作为水环境中的物理基本变量，会对许多化学和物理化学过程产生不同的影响，例如氧化还原、溶解沉淀、吸附解吸、络合螯合等，对反应速度和反应平衡具有重要的调节作用。一般认为，水温上升有利于沉积物中重金属的释放。沉积物-水体体系中，pH 的变化也会影响重金属的价态变化和迁移能力：在碱性条件下，沉积物中的重金属释放速率随 pH 上升而略有升高；在中性条件下，重金属释放速率通常较低；在酸性条件下，重金属的释放速率随 pH 上升而快速降低，拐点 pH 一般为 4～5。水体的溶解氧也会对重金属的毒性和迁移性能产生影响，因为水体溶解氧会影响其氧化还原电位，而水环境中的氧化还原状态会改变重金属的形态及其吸附解吸。另外水体中的离子强度也有一定影响，常采用碱土金属对重金属离子的竞争吸附机制进行解释。水体中离子浓度升高，会与重金属离子抢占吸附点位，降低水体的活化系数，从而降低重金属的吸附性能。

我国是水污染较为严重的国家之一，近年来随着城镇化和工业化的不断发展，水污染问题逐渐凸显。2016 年，我国监测的 118 个主要湖泊中，劣 V 类水质湖泊占 17.8%，影响河流长度达 23 500 km，在我国的 6 270 个水功能区中，只有 58.7%的水域发挥了其规划的水功能。由于重金属目前尚未被纳入我国地表水常规检测指标中，暂缺全国范围内湖泊重金属污染的官方统计数据，但我国湖泊重金属污染问题已经引起了广大学者的关注。

方斌斌等（2017）检测了太湖流域水体和沉积物中 7 种重金属的含量，发现太湖水体中所有重金属浓度均未超过《地表水环境质量标准》（GB 3838—2002）I 类标准限值，但沉积物中的铬、铜、锌、镉、铅超过了我国土壤环境质量一级标准，其中镉超标最为严重，同时镉也是最主要的生态风险因子。袁和忠等（2011）对太湖沉积物中的锌、铜、锰、铬、铅进行了研究，发现太湖流域沉积物中铜、铬、铅、锰含量超过地壳背景值，其中铬和铅是富集程度最高的污染因子，而铅富集主要是由人类活动造成的。王伟等（2016）对江苏省五大湖泊（太湖、滆湖、洪泽湖、高宝邵伯湖和骆马湖）水体中重金属进行了长期定点监测，监测结果表明，2001～2011 年骆马湖水体铅和汞浓度最高，洪泽湖水体镉浓度最高。郭晶等（2016）在研究洞庭湖重金属（汞、铬、镉、铅、铜）污染时发现，洞庭湖水体重金属浓度没有超过《地表水环境质量标准》（GB 3838—2002）I 类标准限值，但沉积物中 6 种重金属含量均高于背景值，镉和汞是主要污染因子，且湖内部分区域达到严重污染程度。孟祥琪（2016）研究了滇池水体、沉积物和野生鱼类体内的重金属污染问题，结果显示滇池沉积物中的重金属含量普遍高于云南省土壤元素背景值，且沉积物中重金属含量远高于水体，表明滇池水环境重金属污染受人类生产生活影响较大。已有研究结果均表明，湖泊沉积物中重金属污染程度普遍高于水体，而沉积物中累积的重金属恰恰又是湖泊重金属污染的主要内源污染，因此，从水体、沉积物和水生生物多角度综合分析和管理湖泊重金属污染至关重要。

内部污染主要是在湖泊水环境多介质中重金属的吸附解吸的迁移转化过程中产生。除湖泊沉积物外，具有高比表面积的悬浮物也极易成为重金属的主要载体。并且悬浮物和沉积物并不稳定，极易再悬浮或迁移，这就导致表层水体的二次污染。而且当河流、湖泊、水库和其他水体的物理和化学性质发生变化时，悬浮物和沉积物中重金属的状态也会发生变化，并释放回到表层水中。

湖泊水体中重金属污染除内部污染外，一般更主要的是外部污染。外部污染主要有两类：一类是自然来源，这种由自然界赋予的重金属就是水环境中重金属含量的本底值，不会对生态环境造成破坏和危害；另一类是人为来源，即人类在湖泊水域的重金属生产和生活活动，主要是农业污染、生活污染、工业污染、交通污染等。另外，地表水中的重金属初始浓度非常低，但是会被虾、鱼、贝类和微生物所富集，然后在整个食物链中呈几何速度上升，重金属无法分解，活生物体的粪便或腐殖质返回水体中，从而形成更具毒性的化合物。

总体而言，现有大量研究表明，我国湖泊重金属污染问题不容忽视，且水环境多介质中重金属的污染程度各不相同，不过沉积物中的重金属含量普遍高于水体，水生动植物因具备食用价值其污染问题受到广泛重视。

第二节　水体重金属污染评价方法研究进展

基于不同理论模型，研究者开发了多种水体中重金属污染评价方法来判定单个或多种重金属的污染等级，在数值处理上采取了模糊数学进行评价分级的定量化优化，并进行影响因素的关联分析以降低水环境系统存在的不确定性等。同时，水体重金属的健康效应量化工作也是一大研究热点，环境健康风险评价能够评价受体人群遭受健康损害的可能性，为防治和管理湖泊重金属污染、保障居民饮用水安全提供参考依据。

一、水体重金属污染评价

水体中重金属污染评价是进行水环境污染防控必不可少的前提，目前被广泛应用的水体重金属污染评价方法主要有以下几种。

单因子指数法用于评价水体重金属浓度相对于标准浓度限值的超标情况，可判别单个因子的超标情况，识别主要污染物，但无法评价多个重金属因子的综合污染程度。内梅罗指数法用于评价环境中所有重金属的综合污染程度，其优点是可以反映出重金属的高含量对环境产生的巨大影响，其缺点是过分看重重金属浓度对环境的危害，这会导致在评价过程中放大含量高的重金属的危害或者缩小含量低的重金属的危害。单因子指数法、内梅罗指数法计算过程简便，被广泛应用于水质评价中，但这两种方法都未考虑水环境系统的不确定性。水环境中污染物的状态和浓度并不是固定不变的，而是一种动态的、流动的状态，且易受外界因素干扰，这就导致评价过程中往往存在一定的不确定性。

近年来，一种基于模糊数学理论的综合污染评价方法逐渐进入大众视野，被称为模糊综合评价法。考虑在水环境污染评价过程中，要根据水质标准对水体污染程度进行分级表示，但水环境是一个多目标、多层次、多因素的复杂系统，水环境因素划分边界不清晰且难以定量化表征，因此将模糊综合评价方法应用于其中，以此达到水环境综合评价的要求。

模糊综合评价法在水环境质量评价中应用的步骤是：首先，受大量污染物因素影响的水环境系统被视为一个模糊集（因子集 U）；其次，根据这些污染物的评估标准构成分类标准集（评估集 V）；然后，基于隶属度函数计算每种污染物对各分类标准级别的隶属度，并用 0～1 的实数表示；再依据各污染因子的毒性、生物利用性等特点得出其危害程度的权重；最后，计算出水环境污染综合评价结果。孙清展等（2012）研究了仙鹤湖水体中重金属污染的模糊综合评价方法，发现这种方法利用监测数据的方式更加科学、有效，克服了在环境质量评估过程中经常使用最大评估指标作为评估值的缺陷，且评估结果更符合实际。陈奕等（2009）采用单因素模糊综合评价法和多级模糊评价法对浙江西苕溪流域港口断面的水质进行评价，结果发现多级模糊评价法比单因素模糊综合评价法更适合应用到现实中，单因素模糊综合评价法的评价结果更符合真实水质情况，因为多级模糊评价法考虑了多种因素综合影响，而单因素模糊综合评价法过度强调单个因素的影响权重，使高含量重金属的隶属度偏大。

灰色关联综合评价法是一种基于灰色系统理论的综合评价方法。灰色系统分析是一种依据系统元素间相异或相似程度，从而对系统发展变化态势提供量化度量的关联度分析。在地表水水质等级的评估中，标准序列为地表水水质的分类基准，样本序列则为水质样本的各评价因子的实际测定值。基于水质分类标准，可以在标准序列和样品序列之间获得几个相关度。

那么待评价水质等级即为与标准序列相关度最高的序列所对应的等级（刘玥 等，2009）。水环境中每一个污染因子对水环境的综合污染评价结果的影响程度在灰色关联综合评价法中体现得淋漓尽致。吴彬等（2012）用灰色关联分析法评价了扎龙湿地克钦湖水体中锰、铜、镉、砷、铅和硒 6 种元素的污染程度，该方法能够降低水环境系统存在的不确定性，将该评价方法与内梅罗指数法结合，从最大污染因子和综合污染水平两个角度分析水污染程度和原因，更有利于湖泊重金属污染防治和管理。

二、水体重金属健康风险评价

近年来，水环境污染事件时常被报道，水污染问题及其导致的公众卫生健康问题逐渐凸显，至此人们开始关注水污染与人类健康之间的密切关系。在评估对环境的健康风险时，首先要识别环境介质中的污染因子，明确环境介质污染物的毒性及剂量-反应关系，调研不同暴露途径下污染物的浓度，最终利用健康风险评价模型评估区域受体的健康风险。第一个开展环境健康风险评价工作的国家是美国，目前已经建立了较为完善的健康风险评价体系，规范了评价工作的开展规程，因此由美国国家环境保护局（U.S. Environmental Protection Agency，USEPA）发布的健康风险评价模型也一直被广泛应用。

健康风险评价最先被应用到职业暴露风险评估，后来通过与数据收集和分析、空间统计等先进处理技术相结合，健康风险评价逐渐渗透到土壤、灰尘、水环境和大气等不同领域，尤其是在面对日益严重的水污染和日益稀缺的水资源的情况下，水环境健康风险管理逐渐受到重视。

Nazir 等（2006）检测了加拿大纽芬兰与拉布拉多省的居民饮用水中三氯甲烷浓度，评估了通过直接饮用、皮肤接触、呼吸三种途径摄入三氯甲烷对人体造成的健康风险；Muhammad 等（2011）检测了巴基斯坦南部科希斯坦地区饮用水中 8 种重金属的浓度，并评估了重金属引起的健康风险水平，且确定了重金属污染来源；Naz 等（2016）研究了印度某铬铁矿附近居民饮用水安全受矿区开采的影响。丁昊天等（2009）基于专家咨询法细分了 USEPA 健康风险等级，并用改进的风险评价方法评估了长株潭地区地下水重金属健康风险；Li 等（2013）检测了洞庭湖水体中 8 种重金属的浓度、空间分布和污染来源，并评估了暴露于上述重金属对成人和儿童造成的非致癌风险；宋瀚文等（2014）利用健康风险模型评估了我国主要城市饮用水中多环芳烃对人体造成的健康风险；Zeng 等（2015）采用健康风险评价模型研究了长沙某一污染场地地下水泄漏对周边水域的影响，评估水体中重金属对人体健康造成的潜在健康风险。到目前为止，水环境健康风险评价已经逐步被大众所了解和接受，其评价结果也已成为水污染防控的重要参考之一。

作为地球水资源重要构成成分的湖泊，在农业灌溉、防洪蓄水、供水和生物多样性保护等方面发挥着重要作用。湖泊一旦遭受到重金属污染，不仅会导致水质恶化、水生生物生存环境受损，甚至还可能会威胁到居民饮用水安全。因此，健康风险评价方法也被逐渐应用到湖泊重金属污染研究中，为防治和管理湖泊重金属污染、保障居民饮用水安全提供参考依据。

张光贵（2013）对洞庭湖水系铜、锌、铅、砷、镉通过饮水摄入途径对人体造成的健康风险进行了评估，发现砷的污染程度最强，但洞庭湖水体重金属对人体没有造成健康风险。李鸣等（2010）对鄱阳湖流域不同河段和湖区水体中铅、铜、锌、镉进行了健康风险评价，发现鄱阳湖水体中重金属对人体没有造成不可接受的健康风险，镉是导致健康风险的主要重金属污染物，且中游及下游的总健康风险一般比上游高。Iqbal 等（2013）研究了拉瓦尔湖冬夏两季水体中 14 种重金属的浓度、污染来源及健康风险，研究结果表明钴和铅是夏季的主要风险污染物，非致癌风险水平分别是风险限值的 1.19 倍和 3.65 倍；而钴、镉、铬、铅则是冬季的主要风险污染物，非致癌风险水平分别是风险限值的 21.33 倍、1.59 倍、1.01 倍和 5.00 倍。

环境健康风险评价已被广泛应用于湖泊水环境多介质重金属污染健康风险评价，对水环境重金属污染防控管理意义重大，但目前国内外关于环境健康风险评价的相关研究也有一些值得商榷之处，因此未来相关研究可能更多地集中在以下几个方面。

（1）在评价环境健康风险的过程中主要涉及参数不确定性、模型不确定性和情景不确定性，比如，样品采集的局限性、污染物时空分布差异性、受体对污染物的暴露差异性、模型的适用性、受体毒性数据的匹配性等，因此要想提高评价结果的可信性，其中一个关键环节就是要采取正确措施进一步减少不确定性因素对评价结果的影响。

（2）重金属是以不同形态存在于环境中的，并且其毒性和生物可利用性等会因为其不同的存在形态而有很大差异，因此在研究重金属污染对人体的危害时不应只考虑其总量，还应该将重金属的化学形态纳入考量。

（3）环境中污染物是多样性的，且其并不是单一作用的，而是不同污染物之间可能会有不同的相互联合作用机制。目前国内外学者已逐步关注到环境复合污染，开始研究环境介质中多种污染物的协同、拮抗作用机理，但相关研究尚不成体系，亟须进一步加深完善。

第三节 湖泊沉积物中重金属污染研究进展

一、湖泊沉积物中重金属存在形态研究进展

大量研究表明，湖泊沉积物是水体重金属污染的内部来源之一，且沉积物的污染除与重金属总量有关外，重金属的形态也有很大程度的影响，即使重金属种类相同、总量相同，但化学形态构成不同，其生物毒性、迁移性和化学活性等生物物理化学性质也会是全然不同的，那对环境、人体造成的危害风险自然也是有差异的。“形态分析”最早是由国际纯粹与应用化学联合会（International Union for Pure and Applied Chemistry，IUPAC）提出，是指分析和确定环境介质中元素的各种化学和物理形态的过程（Templeton，2000）。在重金属的环境形态分析领域中，通过物理或化学手段分析环境介质中重金属元素的含量、各种化合价态、络合态和组分形态分布，以探索重金属的生物可利用度。在分析和研究沉积物中的重金属时，根据实验方法和试剂的不同，沉积物中的重金属可以分为不同的形态。研究表明重金属并不是所有形态都能对生物体造成危害，其中能被生物体吸收利用的那部分形态才能对生物体产生危害，也就是重金属的生物可利用度（李佳璐 等，2016）。因此要想科学准确地评价沉积物中重金属污染造成的健康风险，前提是了解掌握沉积物中重金属的化学形态，明确重金属的生物可利用度。通常会通过化学或物理方法提取分析重金属不同形态组成成分等，以探索重金属的生物可利用度（Templeton，2000）。根据重金属形态提取过程和所使用的提取试剂，一般将重金属形态提取方法划分为一步提取法和连续提取法。

（一）一步提取法

Ure（1996）提出了一步提取重金属有效态的方法，利用有机酸、无机酸、无机盐和螯合剂等作为提取剂，确定重金属的有效态。这种方法操作简单且所用试剂常见，简便易行，但只能提取一种有效态，因此不能划分重金属的形态构成。

（二）连续提取法

重金属的某一种形态并不能代表重金属的整体性质，因此要想清楚地了解重金属的毒性、迁移性等，需要更为全面地检测重金属的形态构成，

更多采用的是连续提取法。连续提取法的操作相对复杂，模拟自然环境中酸碱性、氧化还原性等环境条件，利用不同的化学试剂提取不同的重金属形态。目前应用较多的是 Tessier 连续提取法和 BCR 连续提取法（丁淮剑等，2014）。

1. Tessier 连续提取法

Tessier 等（1979）首次提出了重金属的连续提取法，并且经过大量学者的应用与验证，该方法已得到较大改进与提升。Tessier 连续提取法将重金属形态划分为以下 5 种。

（1）可交换态：可交换态的重金属极易被生物利用，且毒性最强。强酸强碱盐或弱酸弱碱盐是通常使用的可交换态提取剂，且在提取过程中，溶液酸碱度必须保持在中性。

（2）碳酸盐结合态：沉积物中碳酸盐等化合物对重金属的碳酸盐结合态有着巨大影响，且 pH 在很大程度上也能改变其结合态，因此乙酸或乙酸钠经常被用作提取剂。

（3）铁-锰氧化物结合态：铁和锰的氧化物是极好的重金属去除剂，一般简单粘附在颗粒表面或是以微粒的结核存在。铁和锰的氧化物在缺氧条件下不稳定，因此该步骤中使用的提取剂通常由络合剂和还原剂（如盐酸羟胺）组成。

（4）有机结合态：重金属元素可以与有机质相结合，当水被氧化时，有机化合物可以分解并释放出可溶性重金属，过氧化氢（H_2O_2）通常被用作提取剂。

（5）残渣态：重金属的残渣态指的是基本不会被释放出来的重金属形态，一般存在于原生矿物和次生矿物晶格中。通常用强酸作为该重金属形态的提取剂。

2. BCR 连续提取法

Tessier 连续提取法最早是被应用于重金属形态提取，但由于其没有可用于质量控制的标准样品，实验结果的准确性和可比性难以保证。1993 年，欧洲共同体标准物质局开发了 BCR 连续提取法（Quevauviller et al.，1997）。该方法比 Tessier 连续提取法的改进之处体现在建立了正式分析流程标准，并提供了经过认证的标准参考样（certified reference material）CMR 601 用于质量控制。Rauret 等（1999）在原有的 BCR 连续提取法基础上对其进行了优化改进。目前，国内外关于沉积物重金属形态提取大多采用该方法，可将重金属形态划分为以下 4 种。

（1）弱酸溶解态：弱酸溶解态的重金属生物可利用性极高，因为其容易在中性或弱酸性条件下释放出来，被生物吸收利用，主要包括水溶态、可交换态和碳酸盐结合态。

（2）可还原态：可还原态的重金属生物可利用性次之，其在还原性条件下易被释放出来。

（3）可氧化态：可氧化态的重金属在碱性或氧化条件下易被转化为活性态，是与有机质活性基团或者硫离子结合的那部分重金属。

（4）残渣态：残渣态的重金属不具有生物可利用性，通常在自然环境下极难被释放，因此生物活性和毒性最小，是结合在原生矿物和次生矿物晶格中的金属离子。

尽管连续提取法存在诸多缺陷，如处理步骤烦琐、耗时较长、提取剂选择有局限等，但经过综合考虑，由于没有其他更精准、直接、方便的研究方法，而连续提取法能有效地检测全面的元素形态数据，并且丰富的元素形态构成是研究中不可缺少的部分，采用连续提取法对重金属形态进行研究是科学合理的。另外，与 Tessier 连续提取法相比，BCR 连续提取法具有较少的提取步骤，而且提供了标准提取流程和对应的标准物质，使研究结果具有可比性。BCR 连续提取法使用的提取剂的性质从弱到强，有助于减少形态之间的交叉相效应。经过大量实践证明，BCR 连续提取法显示出良好的重现性，并且可以很好地反映重金属的形态特性。

沉积物中重金属不同形态组成研究是沉积物中重金属污染必不可少的研究基础，基于此，国内外学者对沉积物中重金属形态的研究日益增多，且主要集中在三个方面。①Tessier 连续提取法和 BCR 连续提取法被广泛应用于沉积物中重金属形态研究。如 Guevara 等（2004）采用改进的 BCR 连续提取法对西班牙的巴塞罗那港的表层沉积物样品中 6 种重金属的化学形态进行了提取。Hoque 等（2011）利用 Tessier 连续提取法研究了雅鲁藏布江沉积物中 7 种重金属形态构成，发现可交换态和碳酸盐结合态的镉、铜和铅含量最高，生物可利用性强。②毒性、迁移性和生物有效性的评价。Arain 等（2008）采用 BCR 连续提取法提取了巴基斯坦的门杰尔湖沉积物中 6 种重金属的形态组成，由此研究重金属的迁移性和有效性。Vicentemartorell 等（2009）利用 BCR 连续提取法探索了西班牙韦尔瓦的廷托河和奥迭尔河沉积物中 5 种重金属的生物有效性。秦延文等（2012）利用 BCR 连续提取法对太湖沉积物中 5 种重金属形态构成进行了研究，发现重金属的生物有效性与可交换态占比存在正相关关系。孔明等（2015）采用风险评价编码法评价了巢湖沉积物中 6 种重金属的生物风险，将重金属的化学形态纳入生态风险评价之中，使评价结果更具现实意义。③重金属形态的影响因素研究。沉积物的酸碱性、温度等理化性质很大程度上可以改变重金属的化学形态构成。张智慧等（2015）采用 Tessier 连续提取法研究了南阳湖沉积物中重金属形态组成，发现沉积物酸碱性、温度、有机质等外界环境指标与重金属形态相关性很高。

研究重金属的形态提取分析，为重金属在水体、沉积物、水生动植物之间存在迁移、转化与不同程度的富集研究提供依据，促进重金属污染源管控与水环境健康风险的管控。

二、湖泊沉积物中重金属污染评价方法研究进展

湖泊沉积物重金属污染评价是水环境重金属污染防控的重要一步，沉积物重金属污染评价方法多种多样，主要包括代表重金属与生物间的剂量-反应关系的沉积物重金属质量基准法、利用沉积物重金属实际浓度与相应的地球化学背景值来判断污染程度的地累积指数法、综合考虑了重金属的生态环境效应和环境毒理学的潜在生态风险指数法、根据沉积物重金属的不同形态与沉积物有不同的结合力而提出的风险评价编码法等。

沉积物重金属质量基准是与沉积物直接接触或靠近沉积物的水生生物避免发生风险的临界值，是沉积物中重金属的实际允许浓度（Smith et al.，1996），并且代表了重金属与生物间的剂量-反应关系（兰静 等，2012）。国内外有不同的沉积物重金属质量基准表述方法，主要有理论类型和经验类型两种。理论类型主要使用相平衡分布法，而经验类型主要根据生物效应数据库确定。美国、荷兰、加拿大、英国等发达国家，以及中国香港等地区已经制定了沉积物重金属质量基准，而我国内地尚未建立自己的沉积物质量基准（sediment quality guidelines，SQGs），在现实沉积物质量评估过程中一般都是参考其他国家和地区的质量基准值，这也从侧面反映了我国的沉积物管理体系还需要进一步完善。

地累积指数（index of geoaccumulation）法是一种评估沉积物中重金属富集的方法（Muller，1969），是根据沉积物中实际重金属含量和相应的地球化学背景值来判别沉积物中的重金属污染程度的评估方法。它不仅考虑了自然背景的变化，还考虑了人类活动对重金属的影响，可以判别该区域的重金属污染是否由人类活动造成。

潜在生态风险指数（potential ecological risk index，PERI）法是一种考虑生态环境效应和环境毒理学的综合沉积物重金属污染评估方法（Hakanson，1980），目前在国内外应用广泛，因为它不仅考虑了沉积物中

重金属的含量，还将重金属的种类、毒性水平和沉积物对重金属的敏感性纳入考量。

风险评价编码（risk assessment coding，RAC）法是一种结合重金属形态构成和沉积物结合力的沉积物重金属污染评价方法，考虑了重金属的生物可利用性和沉积物结合力，可定量评估沉积物重金属环境风险水平，且一般情况下弱酸溶解态的重金属易于被生物吸收转化，所以可将其作为重金属的生物可利用性的评判标准。

对于沉积物重金属污染的初步评价，上述介绍的几种方法都是可行的且已被应用，但是，湖泊沉积物环境本身就很复杂，且人类活动对其影响巨大，使评估过程不确定性很大，导致在具体应用中对评估结果的误导性决策。沉积物重金属污染评价的不确定性主要体现在以下 4 个方面。

（1）部分沉积物重金属污染评价方法只考虑重金属污染的富集程度，检测重金属超标与否，不考虑不同重金属的生物毒性不同，导致部分低浓度高生物毒性的重金属风险被严重低估。

（2）重金属污染的危害不仅体现在重金属的总量，还与重金属的不同化学形态构成有很大关系，如果没有完整地考虑重金属的形态组分，可能会导致部分浓度高但主要以低生物有效性形态存在的重金属污染程度被高估，或是部分浓度低但主要以高生物有效性形态存在的重金属污染程度被低估。

（3）考虑重金属形态的污染评价方法只着眼于重金属的生物可利用性，忽视了重金属的生物毒性差异及浓度对生物吸收总量的影响。

（4）上述几种常见的方法都是确定性污染评价方法，用确定性评价方法评估出的重金属污染等级都是单一确定的等级，但现实中各环境指标并不能准确真实地反映环境整体污染状况，当评估结果位于临界值附近时，评估人员的主观判断不确定性极大。

除评价方法存在局限性以外，在评估环境风险时，对不完整和不确定的数据方法和模型也常常存在争议。如果将风险评价的结果用于管理目的，则决策者也需要对结果的不确定性有所了解。风险的不确定性评估可以明确不确定因素，从而改善决策。人们普遍认为风险和不确定性与事件发生概率有关，而不确定性主要是由极度随机的环境系统及时常欠缺的专业知识而导致的（李如忠 等，2013）。因此，研究者逐渐扩展衍生了大气、土壤、水和沉积物中重金属的评估方法，将模糊数学理论、随机理论、不确定数学理论、灰色理论和盲数理论等应用其中，以便量化环境风险评价过程中的不确定性（李飞 等，2012）。

对于洪湖沉积物中重金属的污染研究，为确保污染评价更为全面、科学、合理，本书着眼于重金属的生物可利用性、生态风险和不确定性分析，基于风险评价编码法、潜在生态风险指数法，结合模糊数学理论，建立沉积物重金属的模糊综合风险评价模型，利用模糊数学确定重金属潜在生态毒性和生物可利用性的不同等级的隶属度，得出综合风险，其中根据隶属度可以确定风险等级，且隶属度本身还反映了该等级的概率大小，因此模糊综合风险的结果可以给风险决策者提供更加丰富的信息。

第四节　淡水鱼体内重金属污染研究进展

随着人口剧增和城镇化快速发展，生活污水和工业废水必须处理达标后方可排放，否则水环境污染问题有可能加剧。重金属是自然界中分布广泛且极度有害的一种污染物。如果由于人类生产生活导致水域中重金属浓度超标，那么不仅水藻、鱼类、贝类等水生动植物会受到生存威胁，当地渔业产业链发展也会受到影响，并在一定程度上导致水生态危机。通常，鱼类等水生生物通过呼吸、进食或体表的离子交换等方式吸收重金属并富集在鱼鳃、鱼皮、鱼鳞和鱼肠等组织中，然后通过内部循环将重金属转移至肝脏、肌肉和其他组织中，最终通过食物链转移至人体，给人体健康带来风险。

一、淡水鱼体内重金属含量测定分析

1979 年重庆市环境监测站对鱼体内重金属含量的检测研究是国内关于鱼体内重金属研究的首次探索，为保证数据的准确性与灵敏性，采用蒸发浓缩法和萃取富集火焰法检测了鱼体内重金属的含量（郑尚任 等，1979）。1994 年黑龙江水产研究所研究了 1986～1989 年松花江水域中采集的鲤鱼、鲫鱼等 9 个鱼种 120 尾鱼中的锌、铜、铅和镉含量，结果发现松花江鱼体内有明显的重金属富集现象，且相应的水体重金属浓度都严重超过背景值（于沛芬，1994）。蔺玉华等（1997）通过对比鱼体内重金属含量和相应的水体重金属背景值发现，鱼体重金属污染问题已相当严重。孙白妮等（1997）对比了雨水塘和自然塘中养殖的鱼体重金属含量发现，雨水塘养殖鱼体重金属含量远高于自然塘养殖鱼。杨士林等（1999）对比了鲫鱼、鳌花鱼、白鲢三种鱼体内重金属含量发现，鲫鱼的肝脏内重金属含量最高，非常适合应用于生物地球化学实验。

2000 年以来，随着金属含量检测技术的成熟，越来越多的研究学者开

始关注区域鱼体内重金属污染问题。湖南桂阳县环境监测站在当地 7 个主要养鱼村进行了鱼体内重金属普查，结果显示鱼体内重金属含量与相应水体重金属背景值存在正相关关系，锌铅矿区周边的村落养殖的鱼体内重金属含量均超标，且下层杂食性鲤鱼体内的重金属含量明显高于中上层的鲢鱼、草鱼等（郑丕珍，2001）。祝惠等（2010）在前人研究的基础上继续加深对松花江水域鱼体内重金属污染问题研究，发现了铅的污染负荷最大。张慧婷等（2011）、蔡深文等（2011）分别调研了长江不同流域鱼体内重金属污染，结果表明中华鲟幼鱼的主要饵料生物均受到不同程度的重金属污染，虾类比鱼类的重金属污染问题更严重，并且都会威胁中华鲟幼鱼的生长发育。田林锋等（2012）检测了贵州百花湖的鱼体内重金属含量，发现重金属在鱼肝脏和心脏高度富集，且鱼体内重金属铜和铬的含量呈现显著正相关关系。谢文平等（2014）发现珠江三角洲鱼体内铬、砷、铅含量超标严重。

二、鱼类重金属污染评价方法研究进展

一般情况下，根据评价目的不同，鱼体内重金属污染评价方法可以分为重金属污染程度评价、重金属富集能力评价和重金属健康风险评价。重金属污染程度评价侧重于评估鱼类体内重金属含量是否超过相关标准。重金属富集能力评价侧重于评估重金属在生物体内的富集程度，以此表征生物体从环境介质吸收某种微量元素的能力。对重金属在鱼类体内富集机理的研究，能从宏观和微观上揭示重金属的毒理特征和生态污染机制，继而深入探索重金属在生物体内的分布、迁移和转化规律。重金属健康风险评价则是通过特定的数学模型评价人体摄入鱼类体内重金属后对自身造成的潜在健康风险水平，主要包括美国国家环境保护局提出的靶器官危害系数（target hazard quotient，THQ）法、致癌风险（carcinogenic risk，CR）法，世界卫生组织和联合国粮食及农业组织提出的预计每周摄入法。

王晓东等（2011）利用靶器官危害系数法研究了食用深海内常见的 10 种鱼肉所导致的健康风险，发现食用黄尾鱼、带鱼、金线鱼、马鲛鱼、白鲳鱼、鲇鱼等鱼种会有很高的健康风险，但认为实际风险应该低于评价值，因为评估过程中使用的日均摄入量取值过高。刘金铃等（2013a）检测了海南珊瑚礁区 4 种鱼体内不同组织的 6 种重金属的含量，利用单因子污染指数法评估食用上述鱼类的健康风险，发现不同重金属在不同鱼体组织内的分布各不相同，鱼鳃中重金属含量较高的是锰和锌，鱼肝脏中重金属含量较高的是铜。刘金铃等（2013b）调研了永兴岛的 4 种海鱼体内重金属污染，

利用预计每周摄入法评估食用鱼类的健康风险，发现红带海绯鲤和太平洋裸颊鲷体内重金属含量明显高于钝头鹦嘴鱼和鲍氏绿鹦嘴鱼，食用前者会造成健康风险。同期，张家泉等（2013）检测了磁湖鲫鱼、鳊鱼、鲢鱼 3 种鱼体的不同组织内重金属含量，用单因子污染指数法评估了食用上述鱼类的健康风险，结果表明磁湖鱼体受铬污染严重，且不同鱼体部分受不同种类重金属污染不同。

谢文平等（2014）检测了广州养殖罗非鱼体内 4 种重金属含量，利用 USEPA 健康风险模型法和预计每周摄入法评估了食用罗非鱼的健康风险，结果表明罗非鱼体内的砷可能通过食用途径对人体造成致癌风险，不过铜、铅和镉均无显著风险。程柳等（2014）检测了小浪底水库中鳙鱼体内的 5 种重金属含量，利用靶器官危害系数法和预计每周摄入法进行了健康风险评估，结果发现食用鳙鱼肌肉无显著健康风险，鳙鱼鱼肉里重金属含量最高的是汞，鱼鳃中含量最高的是锰，鱼肠中含量最高的是铜、锌和砷。

张聪等（2015）检测了太湖鳙鱼、鲫鱼、草鱼、黄鲴鱼、鲤鱼、鲇鱼等 22 种鱼体中铬含量，并采用单因子污染指数法和预计每周摄入法进行了风险评估，发现黄鲴鱼和鲤鱼体内的铬含量明显高于其他鱼类，杂食类鱼体内的铬含量明显高于肉食类与草食类鱼体，且 7.48%的鱼类存在食用健康风险。

朝格吉乐玛等（2016）检测了蒙古国某一水产市场 4 种鱼体内汞、硒和锌的含量，并采用靶器官危害系数法和预计每周摄入法进行了食用健康风险评估，结果显示该区域鱼体未受重金属污染，食用健康风险可忽略不计。戴媛媛等（2016）检测了夏季渤海湾的斑尾腹鰕虎鱼中铅含量，并采用生物浓缩系数法、生物富集系数法和靶器官危害系数法进行了生态风险和食用健康风险评估，结果表明鱼体内铅更多来自相应的水体，而非沉积物，且无明显的食用健康风险。

以上对各地淡水食用鱼中重金属的含量及污染风险研究为居民食鱼提供了一定参考，并扩展了相关研究与分析方法。洪湖是中国第七大淡水湖，洪湖市 2012 年获得“中国淡水水产第一市（县）”称号，2016 年洪湖市渔业产值占农业总产值的 57%，达 73 亿元，水产养殖面积近 90 万亩，年产水产品近 50 万 t，其中消费量最大的就是鱼类，鱼类消费在居民的生产生活和当地渔业发展中作用巨大。因此，亟须加快洪湖水域鱼体重金属污染研究，加强居民食鱼风险评估，为当地渔业发展提供保障，为居民健康保驾护航。

第五节 水生植物重金属污染研究进展

近年来，由于生活污水及工业废水的大量排放，环境污染尤其是重金属污染日益加剧。重金属是自然界中分布广泛且极为有害的一种污染物。为探索有效的污染修复技术，物理、化学和生物等多种技术被广泛用于不同的生态系统。其中，相较于物理、化学修复技术，生物修复技术以其低投资、低能耗等特点受到人们的青睐。生物修复技术通过微生物（如细菌和真菌）来进行，能结合和降解各种污染物。同时，水生植物能够通过根系积累污染物并转移至叶片中，从而实现生态系统的修复。在生物修复技术中，植物修复作为一种环境友好、成本低廉的替代方法被提出，为其在水生系统修复的应用提供了宝贵的机会。目前，常用的植物修复水生植物包括凤眼莲、芦苇、荇菜、浮萍、香蒲、灯心草、水芙蓉、绿萝等。

一、水生植物重金属污染现状

水生植物是水生生态系统中的一个重要组成部分。由于水环境的破坏，水生植物的污染导致的人体健康问题日益凸显。目前，对水生植物的研究包括污染因素的识别，富集能力和转移能力的评估，以及不同类型植物不同部位之间的比较。

简敏菲等（2004）对鄱阳湖的水生生态系统重金属污染状况进行了研究，结果表明水生植物的污染水平与周围的水生环境有一定的相关性，背景值越高，则植物中微量元素的含量也会增加，且对不同元素的富集能力不同。黄永杰等（2015）也研究了芜湖市某典型水域中 8 种水生植物（包括浮萍、香蒲、芦苇、空心莲子草等）中 5 种重金属的污染状况，结果表明水生植物在水域污染治理上有较大的潜力。孙宇婷等（2016）以武汉东湖为研究对象，研究了 9 种水生植物及其周围环境（包括水、根区沉积物）中 9 种重金属的分布，结果显示，沉水植物富集能力最强，其次是浮水植物，最后是挺水植物，其植物不同部位对重金属的富集能力也不同，富集能力按以下顺序依次降低：根、茎、叶。周佳栋等（2020）研究了三种水生植物（水芙蓉、凤眼莲、绿萝）中重金属的富集能力，结果表明三种植物对不同重金属的富集差异较大，适当的组合能提高重金属的净化效率。

此外，国外学者也进行了大量研究。Keskinkan 等（2004）研究了金鱼藻对铅、锌和铜的吸附特性，并与其他水生沉水植物进行了比较。从最初的吸附研究中获得的数据表明，金鱼藻能够从溶液中去除铅、锌和铜。

其中，对铜的最大吸附量为 6.17 mg/g，对锌的最大吸附量为 13.98 mg/g，对铅的最大吸附量为 44.8 mg/g。结果表明，金鱼藻及该沉水植物均可以成功地用于重金属去除。

Kroflic 等（2018）描述了大规模农业生产活动对沉积物和水生植物中砷、铬、铜、镉、硒、铅和锌含量的影响。这项历时 4 年的调查是在斯洛文尼亚流经农业区的三条水道（佩塔、利普森伊什卡和埃尔罗夫尼什卡）上进行的，主要根据这些地区存在的不同活动（包括畜牧业和粗放农业）进行选择。研究表明，不同的采样点中沉积物和水生无脊椎动物中选定元素的含量低于当地背景值，所选元素在不同植物部位（根、茎和叶）分布。除锌和铜外，大多数元素主要在根组织中积累。

Favas 等（2018）对 4 种水生藓类植物及来自葡萄牙中部戈亚斯矿区溪流的水样进行了 46 种元素的分析。研究发现，水生苔藓植物可以积累极高水平的化学元素，因为它们独特的形态和生理学特征明显不同于维管植物。尽管水样中锆、钒、铬、钼、钌、锇、铑、铱、铂、银、锗和铋的含量低于检测水平，但植物样品中仍含有这些元素。少数金属的生物浓缩系数大于 10^6。调查证实，水生苔藓植物具有较高的对水生环境中多种元素的累积能力，可用于淡水水体的水质生物监测和生物地球化学勘探。

综上，不同水生植物对微量元素的富集能力不同，其重金属含量因研究地点而异，可能与周围环境污染程度有关。以上研究为各地淡水水生植物中重金属的含量及污染风险水平提供了参考，并扩展了相关研究与分析方法。

二、水生植物重金属污染评价方法研究进展

水生植物重金属污染评价是水环境重金属污染防控的重要一步，关于水生植物重金属污染的评价方法多种多样，包括重金属污染程度评价、重金属富集能力评价和重金属健康风险评价等。重金属污染程度评价侧重于评估水生植物重金属含量是否超过相关标准。重金属富集能力评价侧重于评估重金属在生物体内的富集程度，以此表征水生植物从周围环境介质中吸收某种微量元素的能力。重金属健康风险评价则是通过特定的数学模型评价人体摄入水生植物体内重金属后对自身造成的潜在健康风险水平。以下是常用方法介绍。

重金属污染程度的评价通常指实地采集所研究区域的水生植物样本，测定样本中的重金属含量，再与相关的标准限值进行对比，以判定是否超

标。常用的重金属含量测定的方法包括原子吸收分光光度法、原子荧光光谱法、电感耦合等离子体质谱法等。

生物富集系数（bioconcentration factor，BCF）和转移系数（transfer factor，TF）均为评价水生植物重金属富集能力的指标。生物富集系数是指植物中微量元素含量与其周围环境（水或沉积物）中该元素含量的比值。对于浮游生物，如凤眼莲，其对微量元素的吸收主要发生在根部，因此可用根部的重金属含量代替植物中微量元素的含量。生物富集系数是衡量植物吸收微量元素能力的一个重要参数。一般来说，BCF 值越高，富集能力越强。此外，BCF 值大于 1 是区分微量元素积累植物与普通植物的重要特征（Whiting，2002；Mcgrath et al.，2001）。转移系数是指植物叶片中微量元素的含量与根部该元素含量的比值，该系数反映了微量元素在植物中的迁移能力（Baker et al.，1989）。转移系数数值越大，表明植物的迁移能力越强，即微量元素可以从周围环境（水或土壤）迁移至叶片，从而有利于微量元素的清除。

部分水生植物常作为蔬菜被人们食用，如凤眼莲、水菠菜等，因此水生植物中的微量元素也存在通过食物链进入人体的可能，评估其健康风险是十分必要的。健康风险评价方法，目前主要以美国国家环境保护局提出的健康风险评估模型为基础。健康风险一般由三种途径产生，包括饮食消化、皮肤吸收和呼吸吸入。水生植物主要存在被摄食的可能，因此可评估由饮食消化导致的健康风险。通常将健康风险分为致癌风险和非致癌风险。目前环境健康风险评价已被广泛用于湖泊水生植物重金属污染健康风险评价，但由于其评价过程存在较大的不确定性，包括样品采集的局限性、暴露情景的适用性等问题，未来的研究可考虑在这些方面进行改进。

参 考 文 献

蔡深文, 倪朝辉, 李云峰, 等, 2011. 长江上游珍稀、特有鱼类国家级自然保护区鱼体肌肉重金属残留调查与分析[J]. 中国水产科学, 24(6): 1351-1357.

陈奕, 许有鹏, 2009. 河流水质评价中模糊数学评价法的应用与比较[J]. 四川环境, 28(1): 94-98.

程柳, 王海邻, 索乾善, 2014. 小浪底水库鳙鱼体内重金属的富集及健康风险评价[J]. 环境与健康杂志, 31(5): 454-455.

戴媛媛, 王宏, 张博伦, 等, 2016. 夏季渤海湾人工鱼礁区多相介质铅的公布特征及其潜在生态风险[J]. 环境与健康杂志, 33(4): 345-349.
丁昊天, 袁兴中, 曾光明, 等, 2009. 基于模糊化的长株潭地区地下水重金属健康风险评价[J]. 环境科学研究, 22(11): 89-94.
丁淮剑, 张超, 季宏兵, 等, 2014. 土壤和沉积物中重金属的提取方法研究述评[J]. 环境工程(s1): 840-843.
方斌斌, 于洋, 姜伟立, 等, 2017. 太湖流域水体和沉积物重金属时空分布特征及潜在生态风险评价[J]. 生态与农村环境学报, 33(3): 215-224.
郭晶, 李利强, 黄代中, 等, 2016. 洞庭湖表层水和底泥中重金属污染状况及其变化趋势[J]. 环境科学研究, 29(1): 44-51.
黄永杰, 刘登义, 王友保, 等, 2015. 八种水生植物对重金属富集能力的比较研究[J]. 生态学杂志(5): 541-545.
吉芳英, 王图锦, 胡学斌, 等, 2009. 三峡库区消落区水体-沉积物重金属迁移转化特征[J]. 环境科学, 30(12): 3481-3487.
简敏菲, 弓晓峰, 游海, 等, 2004. 鄱阳湖水土环境及其水生维管束植物重金属污染[J]. 长江流域资源与环境, 13(6):589-593.
孔明, 彭福全, 张毅敏, 等, 2015. 环巢湖流域表层沉积物重金属赋存特征及潜在生态风险评价[J]. 中国环境科学, 35(6): 1863-1871.
兰静, 朱志勋, 冯艳玲, 等, 2012. 沉积物监测方法和质量基准研究现状及进展[J]. 人民长江, 43(12): 78-80.
李飞, 黄瑾辉, 曾光明, 等, 2012. 基于梯形模糊数的沉积物重金属污染风险评价模型与实例研究[J]. 环境科学, 33(7): 2352-2358.
李佳璐, 姜霞, 王书航, 等, 2016. 丹江口水库沉积物重金属形态分布特征及其迁移能力[J]. 中国环境科学, 36(4): 1207-1217.
李莉, 张卫, 白娟, 等, 2010. 重金属在水体中迁移转化过程分析[J]. 山东水利(1): 31-33.
李鸣, 刘琪璟, 周文斌, 2010.鄱阳湖流域水体重金属污染物健康风险评价[J]. 安徽农业科学, 38(32): 18278-18280.
李如忠, 潘成荣, 陈婧, 等, 2013. 基于盲数理论的城市表土与灰尘重金属污染健康风险评价模型[J]. 环境科学学报, 33(1): 276-285.
蔺玉华, 于沛芬, 王丽华, 等, 1997. 牡丹江中下游主要江段污染对鱼类资源的影响调查与监测[J]. 水产学杂志(1): 68-73.
刘金铃, 徐向荣, 丁振华, 等, 2013a. 海南珊瑚礁区鱼体中重金属污染特征及生态风险评价[J]. 海洋环境科学, 32(2): 262-266.
刘金铃, 徐向荣, 陈来国, 等, 2013b. 永兴岛 4 种海鱼中汞的含量及人体风险评估[J]. 海洋环境科学, 32(6): 867-870.

刘玥, 2009. 模糊综合评判在矿区地表水重金属污染评价中的应用[J]. 中国西部科技, 8(1): 14, 17-18 .

刘玥, 薛喜成, 何勇, 2009. 灰色关联分析在铅锌矿区地表水重金属污染评价中的应用[J]. 能源环境保护, 23(2): 56-58, 60.

孟祥琪, 2016. 滇池水域重金属污染的历史追溯及生态风险评价[D]. 昆明: 昆明理工大学.

秦延文, 张雷, 郑丙辉, 等, 2012. 太湖表层沉积物重金属赋存形态分析及污染特征[J]. 环境科学, 33(12): 4291-4299.

宋瀚文, 张博, 王东红, 等, 2014. 我国 36 个重点城市饮用水中多环芳烃健康风险评价[J]. 生态毒理学报, 9(1): 42-48.

孙白妮, 赵书田, 杨佳财, 1997. 重金属的含量同都市径流水塘中鱼的关系[J]. 国外环境科学技术(4): 36-39.

孙清展, 臧淑英, 张囡囡, 2012. 基于模糊综合评价的湖水重金属污染评价与分析[J]. 环境工程, 30(1): 111-115.

孙宇婷, 王海云, 张婷, 等, 2016. 武汉东湖水生植物重金属分布现状研究[J]. 长江科学院院报, 33(6): 8-11.

田林锋, 胡继伟, 罗桂林, 等, 2012. 贵州百花湖鱼体器官及肌肉组织中重金属的分布特征及其与水体重金属污染水平的相关性[J]. 水产学报, 36(5): 714-722.

王伟, 樊祥科, 黄春贵, 等, 2016. 江苏省五大湖泊水体重金属的监测与比较分析[J]. 湖泊科学, 28(3): 494-501.

王晓东, 蔡波, 孙宏飞, 2011. 深海鱼体中砷含量的测定与健康风险评价[J]. 安徽农业科学, 39(9): 5253-5254.

吴彬, 臧淑英, 那晓东, 2012. 灰色关联分析与内梅罗指数法在克钦湖水体重金属评价中的应用[J]. 安全与环境学报, 12(5): 134-137.

谢文平, 朱新平, 郑光明, 等, 2014. 广东罗非鱼养殖区水体和鱼体中重金属、HCHs、DDTs 含量及风险评价[J]. 环境科学(12): 4663-4670.

杨士林, 赵哲, 1999. 阿穆尔河流域水生生态系鱼体内重金属的研究[J]. 环境科学与管理(4): 53-54.

于沛芬, 1994. 松花江水系鱼体中痕量重金属锌、铜、铅、镉的监测[J]. 水产学杂志(2): 96-97.

袁和忠, 沈吉, 刘恩峰, 2011. 太湖重金属和营养盐污染特征分析[J]. 环境科学, 32(3): 649-657.

朝格吉乐玛, 张瑞卿, 都达古拉, 等, 2016. 蒙古国乌兰巴托市水产市场 4 种鱼体中汞、硒和锌的含量及健康风险[J]. 环境化学, 35(9): 1876-1883.

张聪, 宋超, 裘丽萍, 等, 2015. 太湖鱼体中重金属铬的含量及风险评估[J]. 农业环境科学学报, 34(7): 1254-1260.

张光贵, 2013. 洞庭湖水环境健康风险评价[J]. 湿地科学与管理(4): 26-29.
张慧婷, 庄平, 章龙珍, 等, 2011. 长江口中华鲟幼鱼主要饵料生物体内重金属 Cu、Cd 和 Hg 的积累与评价[J]. 海洋渔业, 33(2): 159-164.
张家泉, 李琼, 童勇勇, 等, 2013. 黄石市磁湖鱼体内重金属的富集及风险评价[J]. 湖北农业科学, 52(11): 2653-2656.
张智慧, 李宝, 梁仁君, 2015. 南四湖南阳湖区河口与湖心沉积物重金属形态对比研究[J]. 环境科学学报, 35(5): 1408-1416.
郑丕珍, 2001. 桂阳县鱼重金属污染调查及防治对策[J]. 当代水产, 26(3): 35-37.
郑尚任, 诸满志, 黎明, 等, 1979. 镉等重金属及其在水、土壤、蔬菜、鱼中的测定[J]. 环境科学研究(z1): 106-111.
中国环境监测总站, 1990. 中国土壤元素背景值[M]. 北京: 中国环境科学出版社.
周佳栋, 马丹丹, 刘敏, 等, 2020. 三种水生植物对重金属的富集及净化能力研究[J]. 杭州师范大学学报(自然科学版), 19(1): 61-67.
周建民, 党志, 蔡美芳, 等, 2005. 大宝山矿区污染水体中重金属的形态分布及迁移转化[J]. 环境科学研究, 18(3): 5-10.
祝惠, 阎百兴, 张凤英, 2010. 松花江鱼体中重金属的富集及污染评价[J]. 生态与农村环境学报, 26(5): 492-496.
ARAIN M B, KAZI T G, JAMALI M K, et al., 2008. Time saving modified BCR sequential extraction procedure for the fraction of Cd, Cr, Cu, Ni, Pb and Zn in sediment samples of polluted lake[J]. Journal of Hazardous Materials, 160(1): 235.
BAKER A J M, BROOKS R R, 1989. Terrestial higher plants which hyperaccumulate metallic elements[J]. Biorecovery, 1: 81-126.
EL-AMIER Y A, BONANOMI G, AL-ROWAILY S L, et al., 2020. Ecological risk assessment of heavy metals along three main drains in Nile Delta and potential phytoremediation by macrophyte plants[J]. Plants, 9(7): 910.
FAVAS P J C, PRATAS J, RODRIGUES N, et al., 2018. Metal(loid) accumulation in aquatic plants of a mining area: Potential for water quality biomonitoring and biogeochemical prospecting[J]. Chemosphere, 194: 158-170.
GUEVARA R A, SAHUQUILLO A, RUBIO R, et al., 2004. Assessment of metal mobility in dredged harbour sediments from Barcelona, Spain[J]. Science of the Total Environment, 321(1): 241-255.
HAKANSON L, 1980. An ecological risk index for aquatic pollution control: A sedimentological approach[J]. Water Research, 14(8): 975-1001.
HOQUE R R, GOSWAMI K G, KUSRE B C, et al., 2011. Distribution and solid-phase speciation of toxic heavy metals of bed sediments of Bharali tributary of Brahmaputra

River[J]. Environmental Monitoring & Assessment, 177(1-4): 457-466.

IQBAL J, SHAH M H, AKHTER G, 2013. Characterization, source apportionment and health risk assessment of trace metals in freshwater Rawal Lake, Pakistan[J]. Journal of Geochemical Exploration, 125(125): 94-101.

KE X, GUI S, HUANG H, et al., 2017. Ecological risk assessment and source identification for heavy metals in surface sediment from the Liaohe River protected area, China[J]. Chemosphere, 175: 473.

KESKINKAN O, GOKSU M Z L, BASIBUYUK M, et al., 2004. Heavy metal adsorption properties of a submerged aquatic plant (Ceratophyllum demersum)[J]. Bioresource Technology, 92(2): 197-200.

KROFLIC A, GERM M, GOLOB A, et al., 2018. Does extensive agriculture influence the concentration of trace elements in the aquatic plant Veronica anagallis-aquatica? [J]. Ecotoxicology and Environmental Safety, 150: 123-128.

LI F, HUANG J, ZENG G, et al., 2013. Spatial risk assessment and sources identification of heavy metals in surface sediments from the Dongting Lake, Middle China[J]. Journal of Geochemical Exploration, 132: 75-83.

MCGRATH S P, ZHAO F J, LOMBI E, 2001. Plant and rhizosphere processes involved in phytoremediation of metal-contaminated soils[J]. Plant & Soil, 232: 207-214 .

MUHAMMAD S, SHAH M T, KHAN S, 2011. Health risk assessment of heavy metals and their source apportionment in drinking water of Kohistan region, northern Pakistan[J]. Microchemical Journal, 98(2): 334-343.

MULLER G, 1969. Index of geoaccumulation in sediments of the Rhine River[J]. Geojournal, 2(108): 108-118.

NAZ A, CHOWDHURY A, MISHRA B K, et al., 2016. Metal pollution in water environment and the associated human health risk from drinking water: A case study of Sukinda chromite mine, India[J]. Human & Ecological Risk Assessment An International Journal, 22(7): 1433-1455.

NAZIR M, KHAN F I, 2006. Human health risk modeling for various exposure routes of trihalomethanes (THMs) in potable water supply[J]. Environmental Modelling & Software, 21(10): 1416-1429.

QUEVAUVILLER P, RAURET G, LÓPEZ-SÁNCHEZ J F, et al., 1997. Certification of trace metal extractable contents in a sediment reference material (CRM 601) following a three-step sequential extraction procedure[J]. Science of the Total Environment, 205(2-3): 223-234.

RAURET G, LÓPEZ-SÁNCHEZ J F, SAHUQUILLO A, et al., 1999. Improvement of the

BCR three step sequential extraction procedure prior to the certification of new sediment and soil reference materials[J]. Journal of Environmental Monitoring Jem, 1(1): 57-61.

SMITH S L, MACDONALD D D, KEENLEYSIDE K A, et al., 1996. A preliminary evaluation of sediment quality assessment values for freshwater ecosystems[J]. Journal of Great Lakes Research, 22(3): 624-638.

TEMPLETON D M, 2000. Guidelines for terms related to chemical speciation and fractionation of elements. Definitions, structural aspects, and methodological approaches (IUPAC Recommendations 2000)[J]. Pure & Applied Chemistry, 72(8): 1453-1470.

TESSIER A, CAMPBELL P G C, BISSON M, 1979. Sequential extraction procedure for the speciation of particulate trace metals[J]. Analytical Chemistry, 51(7): 844-851.

URE A M, 1996. Extraction schemes for soil and related applica-tions[J]. The Science of the Total Environment, 178: 3-7.

VICENTEMARTORELL J J, GALINDORIAÑO M D, GARCÍAVARGAS M, et al., 2009. Bioavailability of heavy metals monitoring water, sediments and fish species from a polluted estuary[J]. Journal of Hazardous Materials, 162(2-3): 823-836.

WHITING S N, 2002. In search of the holy grail: A further Step in Understanding Metal Hyperaccumulation? [J]. New Phytologist, 155: 1-4.

ZENG X, LIU Y, YOU S, et al., 2015. Spatial distribution, health risk assessment and statistical source identification of the trace elements in surface water from the Xiangjiang River, China[J]. Environmental Science & Pollution Research International, 22(12): 9400.

第三章　洪湖水体中重金属健康风险评价

当前水体重金属污染评价过程中，单因子/多因子污染指数法及不同类型的模糊评价方法均得到了成熟的应用。而这些评价方法旨在简单地衡量其在自然生态中的富集程度，并不涉及环境污染物对人体的健康损害效应。与以上污染评价方法不同的是，环境健康风险评价方法综合考虑了污染物环境浓度、暴露模式、毒性效应，以及不同重金属的毒性终点。但是该方法考虑因素较多，评价环节较复杂，存在较高的不确定性。而对不确定性的讨论将有利于健康风险评价服务地区环境管理与决策。本章将采取以三角模糊数-最大隶属度-空间分析为基础的系统性的健康风险评价不确定性控制方法，识别洪湖水体重金属风险的主控元素、主控区域与重点关注途径，为洪湖地区水体重金属管控提供决策建议。

第一节　水体-人群暴露健康风险评价模型

第二章初步介绍了水体中重金属评价方法和健康风险评价。本节将进一步对水体中重金属暴露健康风险评价方法和研究热点展开论述。环境中存在对人体不利的有害因子，健康风险评价是对一定时期内有害因子所产生的影响的发生概率及严重程度进行定量的评估。美国国家环境保护局（USEPA）规范了评价的流程，分别为：对危害因素的识别和判定、剂量与效应的相关关系分析、暴露剂量的测算、风险水平的呈现。而这与其他国家的环境健康风险评价流程相比，略有不同（李飞，2015）。我国对健康风险的研究最开始出现在核工业污染的研究中，随着国内环境与健康意识的逐渐加强，在其他领域也逐渐开始从环境健康的角度进行评价与管理。该研究开展时期，我国环境与健康领域法律法规的制定仍在起步阶段，相关技术标准与中国化参数还不完善。例如 2014 年环境保护部颁布了《污染场地风险评估技术导则》（HJ 25.3—2014），对评价的对象、内容、步骤、运用等方面均做出了规范性指导，其中的模型与相关参数大多参考了 USEPA 的相关数据。而水体中重金属的健康风险技术规范尚未颁布，已有研究仍大多借鉴国外文献中的模型进行初步的、简单的水体-人群暴露健康风险评价，对不确定性的讨论往往只停留在理论分析层面，缺乏层次性和定量化思考，基于不确定性讨论进行管理决策，特别是管理力度、管理细节区域、管理路径的研究较为缺乏。而本书相关研究进行过程中，环境保护部陆续发布了《中国人群暴露参数手册（成人卷）》《中国人群暴露参数手册（儿童卷）》《中国人群环境暴露行为模式研究报告（成人卷）》《中国人群环境暴露行为模式研究报告（儿童卷）》等，为上述不确定性的分析提供了本土化暴露行为模式，但是最新的研究往往以手册推荐均值为准，忽视了暴露行为模式的人群波动性，降低了手册对不确定性控制的效益。

不同重金属对机体具有不同的暴露途径。不同暴露途径下重金属的毒性机理也不同，毒性-浓度-暴露情景共同决定了重金属元素暴露对人体所造成的潜在健康风险水平。水体中，不同于有机物和挥发性物质，重金属挥发性较低，因此本书不考虑呼吸吸入的途径，而是将饮食消化和皮肤吸收这两种暴露途径作为研究的重点，并由此展开介绍。在暴露模型的选择上，国内外诸多专家学者开发出了不同的模型，包括美国的 RBCA 模型、英国的 CLEA 模型和荷兰的 CSOIL 模型等。其中，应用较广泛的是 RBCA 模型及 CLEA 模型。RBCA 模型是由美国 GSI 公司根据美国试验与材料学会（American Society for Testing and Materials，ASTM）“基于风险的矫正行动”（risk-based corrective action，RBCA）标准开发，在美国各州、欧洲一些国家和我国都得到了广泛应用。RBCA 模型按照美国国家环境保护局（USEPA）的化学物质分类，将化学物质分为致癌物质与非致癌物质两类。对于致癌物质，计算其风险值，并设定 10^{-6} 为可接受致癌风险水平下限，10^{-4} 为可接受致癌风险水平上限；对于非致癌物质，计算其危害商数，判定标准设定为 1。污染土地暴露评估（contaminated land exposure assessment，CLEA）模型由英国环境署和环境、食品与农村事务部（Department for Environment，Food and Rural Affairs，DEFRA）及苏格兰环境保护局联合开发，是英国官方推荐用来进行污染场地评价的模型。CLEA 模型将化学物质对人体或动物的健康效应划分为阈值效应和非阈值效应，非阈值效应用指示剂量（index dose，ID）表示，阈值效应用可接受日土壤摄入量（tolerable daily soil intake，TDSI）表示，总称为健康标准值（health criteria values，HCV）。依据日平均暴露量（average daily exposure，ADE）与健康标准值的比值来评价化学物质的危害程度：当该比值≤1，说明在可接受的范围内；当该比值＞1，说明污染场地具有潜在的健康风险。其中美国的 RBCA 模型相对于其他国家的模型来说，开发时间更长，运用更为广泛。因此本章采用 RBCA 模型，健康风险评价技术路线如图 3.1 所示，口、皮肤暴露剂量的运算公式分别为式（3.1）和式（3.2）（Iqbal et al.，2013；USEPA，2004）。

$$ADD_{ing}=\frac{C_W \times IR \times EF \times ED}{BW \times AT} \tag{3.1}$$

式中：ADD_{ing} 为日均暴露剂量（经口），μg/（kg·d）；C_w 为某一种污染物的平均质量浓度，取实测值，μg/L；IR 为每日经口吸收的水量，L/d；EF 为暴露的频率，取值为 350 d/a；ED 为暴露行为的延续时长，d；BW 为研究对象的质量，kg；AT 为风险存在的时长，取值为人均寿命（致癌风险）、ED×365（非致癌风险）（USEPA，2004），d。

$$ADD_{derm}=\frac{C_W \times SA \times K_p \times ET \times EF \times ED \times 10^{-3}}{BW \times AT} \tag{3.2}$$

式中：ADD_{derm} 为日均暴露的剂量值（经皮肤），μg/（kg·d）；SA 为皮肤的人均表面积，cm^2；K_p 为皮肤的毒物吸收系数，Cu、Cd、As 取值均为 0.001 cm/h，Pb 取值为 0.000 1 cm/h，Cr 取值为 0.002 cm/h，Zn 取值为 0.000 6 cm/h（Zeng et al.，2015；Deng et al.，2012）；ET 为日均皮肤接触时间，取值为 0.6 h/d（Zeng et al.，2015）。

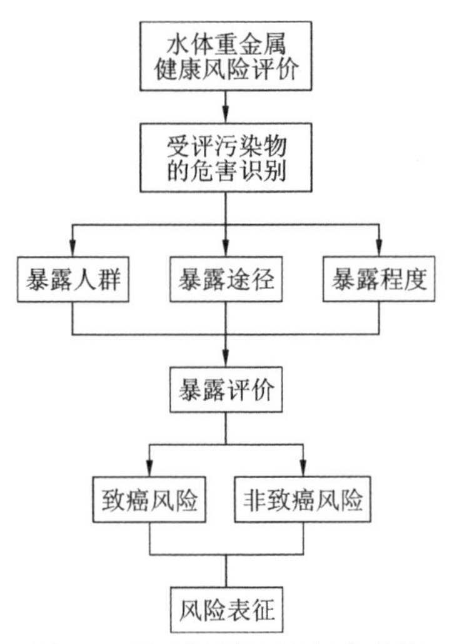

图 3.1　健康风险评价技术路线

根据有害元素或物质的毒理特性的不同，其对人体造成的危害潜力可按照致癌风险和非致癌风险两个类别进行探讨。非致癌风险用危害商数（USEPA，2004）进行表征，为日均暴露剂量比暴露剂量参考值，其计算公式见式（3.3），假设各毒物之间的毒性作用是相互无关的，那么不同类型毒物的综合风险水平可以用不同毒物的危害商数加和得到，见式（3.4），所得危害指数若大于 1，表明存在一定程度的危害潜在可能；危害指数若小于或等于 1 表明没有明显的潜在危害（USEPA，2004，1989）。

$$HQ_i = \frac{ADD_i}{RfD_i} \tag{3.3}$$

$$HI = \sum_{i=1}^{n} HQ_i \tag{3.4}$$

式中：HQ_i 为经口或经皮肤的危害商数；ADD_i 为日均暴露剂量，μg/（kg·d）；RfD_i 为暴露剂量参考值，μg/（kg·d）；HI 为危害指数。

部分重金属（如本书研究的 Cd、As、Cr 和 Pb）被证实存在致癌效应，分别被认定为 1 类、1 类、3 类、2A 类致癌物（IARC，2020）。单个金属经口或经皮肤的致癌风险的运算公式见式（3.5），为日均暴露剂量与致癌效应因子的积。对具有致癌风险的毒物来说，其急性毒理毒性被公认为是独立和互不相关的，毒物之间的差异致病类型及致病的毒理等可以忽略，在此基础上，所研究的不同毒物的综合治癌水平可以表示为单个物质风险的加和（段小丽 等，2011），综合风险的运算公式见式（3.6）。

$$CR_i = ADD_i \times CSF_i \tag{3.5}$$

$$CR = \sum_{i=1}^{n} CR_i \tag{3.6}$$

式中：CR_i 为经口或经皮肤的致癌风险；CSF_i 为致癌效应因子，kg·d/μg；CR 为综合致癌风险。

对于水体重金属-人群暴露健康风险评价而言，基础模型较为固定，但是在标准与技术参数发展过程中，许多专家学者通过案例研究，尝试并逐步完善从污染物的潜在危害识别到风险评估等环境健康风险评价各个环节，促进了各个环境风险的参数化模型化。例如：Li 等（2017a）以工厂排放废水渗透的地下水为研究对象，对其中的有毒有害重金属的机体损害效应开展了评估，对长沙铬盐厂污染场地的地下水中重金属的潜在健康风险进行了评价；Zeng 等（2015）研究了湘江中重金属的污染水平、区域差异、输入输出因素及对成人和儿童造成的非致癌风险；宋瀚文等（2014）调查了国内多个大型城市的水体中有机物的致癌风险；丁昊天等（2009）采用专家意见法对风险的分级进行了改进，并在此基础上对国内城市群的水体中的重金属进行了健康风险评价。这些工作都对水体的暴露健康风险评价模型的运用提供了本土化的解决方案。

另外，在健康风险评价模型不断进行本土化实践的同时，不确定性成为研究的热点。特别是由于广阔的国土面积，我国居民的居住环境及行为习惯差异较大，与暴露行为相关的参数也各不相同。如西北地区居民的日均饮水量为 2 595 mL，而东北地区为 1 551 mL，前者几乎为后者的两倍。在时间跨度上，日均饮水量具备季节差异。其他条件不变时，夏季饮水量约是冬季的 1.5 倍。从暴露途径而言，不同的季节和不同的地区，由于气候特征的不同，受体人群与水体的暴露、持续时间、暴露的频率及皮肤裸露面积均具有一定的特征和差异，如东部地区居民夏季平均洗澡时间为冬季的两倍。上述这种差异就是不确定性的一种体现。在健康风险评价中，不确定性分析包括三个方面：参数不确定性分析、模型不确定性分析和情景不确定性分析，而参数和模型这两个方面是降低不确定性的重要的可行性途径。通过分析，重金属在水体中的空间分布的差异性较大，对于湖泊而言监测垂线的数量、分布及取水深度直接影响了样本的空间代表性，从而造成评价的不确定性。另外，不同的受体人群对该物质的暴露频率差别大。国际上的模型可能并不适用于我国，暴露情景是否对本土受体具有良好的匹配性与适用性？基于国外毒理学实验结果的污染物浓度-暴露剂量-效应关系等系列毒性数据是否适合我国本土人群？这些问题均会导致评价结果的不确定性。

在以上不确定性因素中，一部分不确定性可以通过改进模型来降低。此外污染物较高的空间异质性和暴露参数往往被认为是不确定性的主要贡献来源。此时，采用浓度均值或者单一统计量的确定性评价，往往会导致决策有偏。此时逐点进行风险评估，冗杂的评估结果往往不能够直观辅助决策，降低风险评估的管理效率。基于以上问题，大量研究者开发并运用了多种统计与处理方法，来降低不确定性，以此减少对后续决策的不利影响，为决策者做出更加可靠全面和有针对性的管理系统。其中，较常用的有蒙特卡罗法、模糊数学法、泰勒简化法（王永杰 等，2003）、概率树法、专家判断法、置信区间法（祝慧娜 等，2009）。本章将在第三节进行三角模糊数的不确定性控制，从而建立改进的模糊健康风险评价模型。

第二节　洪湖水质污染状况与空间分布

对水体暴露健康风险评价的不确定性控制，除上述数学方法进行参数不确定性控制外，采样与实验分析的代表性也至关重要，并且了解水质基本理化性质对后续基于重金属健康风险提出针对性的建议也十分重要。所以本节将从布点采样出发，详细介绍水体中重金属及其他理化指标测定与分析，为健康风险评价与管理提供基础。

一、区域研究方法

（一）采样点的布设

根据《地表水和污水监测技术规范》（HJ T91—2002）、《水质采样技术指导》（HJ 494—2009）中对采样点位的布设、时间设置和仪器、采样技术与步骤的要求，本小节在采样监测垂线的布设上，洪湖除入江口外总体湖面无明显的功能分区，采取系统布点设置监测垂线。洪湖常年平均水深为 2 m 左右，根据《地表水和污水监测技术规范》（HJ T91—2002）的要求，在水下 0.5 m 处采集 1 个样品即可代表该采样点的采样垂线情况。采样于 2016 年 9 月完成。实际采样过程中，根据洪湖的地理位置、水域面积及周边的水域水系的调研情况，考虑采样时期内湖面现实的通行条件，将系统布点进行一定的微调，利用手持定位仪（佳明 eTrex301）来记录实际点地理坐标，所有采样点位的地理位置和分析编号见图 3.2，可以看出采样点代表了现有水域的水质状况。

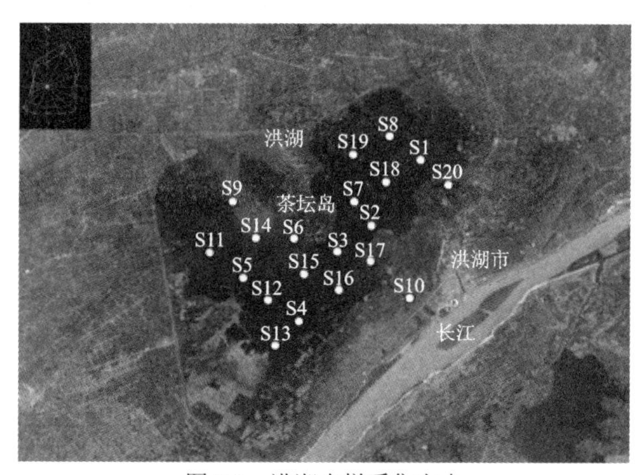

图 3.2　洪湖水样采集布点

（二）样品的采集和检测

在湖面使用桶式深水采样器（型号为 ZYC-1A）来采集湖面监测垂线的表层水（距离水面 0.5 m 处）水样。在采样现场，同时使用综合水质分析仪（HD40Q，HACH，Loveland，CO，USA）测定各个点位水样的基本理化性质，如温度、pH、电导率（electrical conductivity，EC）、溶解氧（dissolved oxygen，DO）、透明度（transparency，SDD）、叶绿素 a（chlorophyll a，Chl-a）。水样通过 0.45 μm 水系膜先进行初级的现场过滤，以去除其中较大的悬浮物和杂质。然后对于不同的分析指标，根据《地表水和污水监测技术规范》（HJ T91—2002），滴加不同的保存试剂进行保存。具体采用的处理方式为：①TN、COD_{Mn}和 TP 三项水质指标的供样，按照要求盛入玻璃瓶，用浓H_2SO_4（优级纯）酸化至 pH<2；②重金属指标的供样，使用洁净的聚乙烯瓶进行盛放，滴加适量浓 HNO_3 进行酸化，使 pH 为 1～2。所有采样瓶均在 30%HNO_3 溶液中放置 24 h、再使用纯水清洗，以保证其无污染。采集得到的水样放入对应的容器中，随后在分析室的冰箱内于 4 ℃进行短期保存，以备后续处理与分析。消解和分析方法见表 3.1。实验过程中采用如下方法进行质量控制来保障实验分析的准确性和精确度：①空白样品，每 10 个待分析的水样分析序列中添加 1 个空白样品，1 个随机平行样品和 1 个标准样品，不满 10 个以 10 个计；②采用的标准曲线，要求相关系数≥0.995；③平行样品，相对偏差<10%；④加标测定，加标回收率控制在 90%～110%。

表 3.1 各项污染物指标的分析方法

指标	分析方法	设备
Cu、Zn、Cd、Cr、Pb	《水质 金属总量的消解 硝酸消解法》（HJ 677—2013）	原子吸收光谱仪（AAS-ZEEnit-700P，德国耶拿分析仪器股份公司）
As	《水质 汞、砷、硒、铋、锑的测定 原子荧光法》（HJ 694—2014）	原子荧光光谱仪（AFS-9730，北京海光仪器有限公司）
TN	《水质 总氮的测定 碱性过硫酸钾消解紫外分光光度法》（HJ 636—2012）	
COD_{Mn}	草酸钠回滴法	
TP	《水质 总磷的测定 钼酸铵分光光度法》（GB 11893—89）	

（三）数据与分析

对各项监测指标的实验分析结果和模型中的参数，用 SPSS 软件进行整理与统计性描述，含算数平均值（MEAN）、最小值（MIN）、最大值（MAX）、标准差（SD）等，相关的统计性描述可以大致表征出洪湖水体中的各项物理化学水质参数及重金属浓度的大致状况，已备下一步的深入分析和对比。另外，采用地理分析软件（ArcGIS 9.3）对监测数据进行空间特征分析。ArcGIS 可用来对研究区域的空间地理数据信息进行一定处理，并将数据进行可视化。它能够将某点位的数据进行二维表达，从而由点到面地表征相关数据的特征。本节运用 ArcGIS 来表征洪湖水体中各类重金属的浓度及其对应的健康风险在湖水面上不同位置的空间分布，可以直观且深入地分析该区域的健康风险分布及区域变化状况。根据本节 20 个采样点位的数据及其分布特点，应用 ArcGIS 9.3 软件中的反距离加权（inverse distance weighted，IDW）插值法来直观呈现重金属的浓度空间分布，有利于识别主控区域和分析来源。GIS 技术中 IDW 的运算公式见式(3.7) 和式（3.8）：

$$\hat{Z}(X_0,Y_0)=\sum_{i=1}^{n}\lambda_i Z(X_i,Y_i) \tag{3.7}$$

$$\lambda_i=\frac{1/d_i}{\left(\sum_{i=1}^{n}1/d_i\right)} \tag{3.8}$$

式中：$\hat{Z}(X_0,Y_0)$ 为插值点 (X_0,Y_0) 的预测值；λ_i 为采样点 (X_i,Y_i) 在计算中被分配到的权重；$Z(X_i,Y_i)$ 为采样点 (X_i,Y_i) 的实测值；d_i 为采样点 (X_i,Y_i) 和插值点 (X_0,Y_0) 的间距。

二、洪湖水质概况

综合分析各个监测垂线采集的水样，洪湖水体常见指标分析结果的描述性统计如表 3.2 所示。总体来看，所有采样点的水样均呈弱碱性，pH 为 7.06～7.79，且标准差较小，空间分布较为均一，满足《地表水环境质量标准》（GB 3838—2002）中 III 类水质标准对于 pH 的限定。国家标准未对电导率进行限值的规定，但可由溶解固体总量及总硬度推算得出。据此，本节中表层样的电导率为 200～400 μS/cm，相比参考限值而言，是较低的电导率，具有数量较少的游离态阴阳离子。水中氧充足，溶解氧的浓度较高，所有监测垂线都超过了《地表水环境质量标准》（GB 3838—2002）中 III 类水的标准限值，且空间变异较大，其中最高的点位溶解氧浓度超过了限值的两倍。洪湖水域面积大，是整个江汉平原中有代表性的大型湖泊，从图 3.2 左上角的风玫瑰图来看，洪湖当地盛行东南风和东北风，在季风来临和盛行之时，湖面的表层水与底层水会进行流动，从而保持水与空气进行充分的接触与混合。而在调研过程中，湖泊内的各种水生植物生长十分旺盛，表现出较好的多样性。植物光合作用产生的氧气，会溶解到水中，从而提高水体的溶解氧指数。

表 3.2 洪湖水体常见指标的描述性统计

项目	pH	溶解氧质量浓度 /（mg/L）	电导率 /（μS/cm）	Chl-a 质量浓度 /（mg/m^3）	TN 质量浓度 /（mg/L）	TP 质量浓度 /（mg/L）	COD_{Mn} /（mg/L）	透明度 /m
平均值	7.59	9.47	275.25	99.06	1.02	0.16	9.70	0.11
最大值	7.79	12.42	356	203.85	1.75	0.37	17.37	0.37
最小值	7.26	6.34	230	9.17	0.20	0.07	1.89	0.06
标准差	0.16	1.89	33.88	44.08	0.40	0.07	4.04	0.03
标准限值	6～9	≥5.00	≤2 000	≤10	≤1.00	≤0.05	≤6.00	—

注：标准限值为《地表水环境质量标准》（GB 3838—2002）III 类水的标准限值

叶绿素 a（Chl-a）浓度也证实了上述观点。由表 3.2 可知，叶绿素 a 的质量浓度为 9.17～203.85 mg/m^3，超过标准限值的 1～20 倍不等，在洪湖部分水域的调查中几乎全部（95%）取水点的叶绿素 a 浓度均高于限值，说明叶绿素 a 的污染状况较为严重，过高的叶绿素 a 浓度说明洪湖水体中存在异常活跃的浮游生物的代谢。从而导致水体整体呈现灰黄色，水质浑浊不清（图 3.3），透明度低，透明度最大值仅有 37 cm，平均值也只有 11 cm。而藻类的暴发可能与外源营养物质的输入有关，生产生活废水的排放和其他生物的代谢等造成的氮磷输入也为藻类等水生植物的生长提供了营养。COD_{Mn}、TN、TP 被用来表征洪湖中营养物质的浓度，如表 3.2 所示。相比于重铬酸钾法测定 COD，COD_{Mn} 可以更加精确地反映较低浓度的有机质浓度，适用于地表水有机物的测定。洪湖 COD_{Mn} 平均值达到了 9.70 mg/L，超过了《地表水环境质量标准》（GB 3838—2002）限值 6.00 mg/m^3，说明其具有非常丰富的有机物质。但是 COD_{Mn} 标准差较大，存在较高的异质性，也有一定的区域满足 III 类水质要求。相同的异质性也表现在 TN 和 TP 两项指标上，平均质量浓度均超过了《地表水环境质量标准》（GB 3838—2002）限值，其中 TP 质量浓度甚至超过了三倍。但是 TN 和 TP 的标准差也较大，说明具有较高的异质性。本节参考李镇镇等（2015）提出的综合营养指数法，采用平均浓度分析洪湖的富营养化水平，得出其综合营养指数为 69.70，为中度富营养化，其中叶绿素 a 及有机物是导致水体富营养化的主要因素。

经过文献搜集及多次的实地调研走访研究，洪湖水体中的富营养化，可能存在下述三个来源。

（a）围网养殖

（b）水质浑浊不清

图 3.3 洪湖水环境状况

（1）洪湖水域面积广阔，是四湖流域中水容量最大的湖泊，具有重要的调洪蓄洪能力，并且承接着大量的上游来水，包括洪湖主体水域和汇入的河网水系流域的农业、工业及生活三方面的污水废水，其中含有大量的氮磷等营养物质，污水废水汇入洪湖，加重了洪湖湖水的有机营养物质的污染负荷。

（2）洪湖水域的周围是大片的农田，水稻和棉花是当地主要的农业经济作物，土壤中施用了大量的化肥，其中包含丰富的氮元素和磷元素，以满足农业生产的需要，但江汉平原降雨量大，雨水冲刷严重，土壤保肥能力较差，所施用的化肥农药对作物的效率较低，仅有 30%（李华刚 等，2014），大部分通过径流作用汇入河流，进而汇总到洪湖水体中，这些未被作物利用的氮磷营养在洪湖水体中成为水生植物的养分。

（3）渔民进行围网养殖，在此过程中会投放含有氮磷的食物、饵料等，使水体及沉积物中氮磷浓度升高。从 20 世纪 80 年代开始，周边的渔民开始对广阔的洪湖水面进行围网养殖，短时间内围网的面积迅速扩大，对水域进行了大范围的侵占。自 2005 年以来，在湖北省人民政府的要求下，洪湖市对围网养殖进行了管控，在一定程度上改善了水质，但执法力度不严，并未彻底根除围网养殖的行为，在靠近岸边的地方仍有一定数量的养殖区域。而在养殖过程中，渔民投入的饲料及药剂会大大提高水体中营养物质的浓度，甚至使重金属等有毒有害物质进入水体。且一定数量的渔网和孔隙率较低的网孔也会阻碍围网区域的水体流动性，造成粒径较大的悬浮物质的聚集，在养殖区域的小系统内，污染物质可能存在较高富集，超出了水体的承载力，从而造成严重的营养化。

洪湖及其周边区域的农业发达，但经济水平相对不高，居民环境保护意识薄弱，尚无运转良好的污水废水的统一收运和处理系统，因此周边的生产生活污废水向水域网络的排放逐渐汇入洪湖中，从而造成了过高的有机物浓度，超过了水体一定的自净能力。在管理上，有关部门及民众应当控制各种源头的输入，包括上游的污水、沿岸及湖中心的围网养殖等。因此应当控制有机物、氮磷元素等的输入，包括洪湖周边的鱼虾养殖、农药化肥的施用，以及生产生活废水的排放等，以保证水质良好。

三、重金属污染特征

本书 6 种重金属元素的检测浓度的统计值见附表 1 和图 3.4。从平均值来看，锌（Zn）在 20 个湖面水质采样点位的平均质量浓度最高，为 20.45 μg/L，其次为铅（Pb）、铜（Cu）、铬（Cr）、砷（As）、镉（Cd），平均质量浓度分别为 3.42 μg/L、3.09 μg/L、1.63 μg/L、0.99 μg/L、0.14 μg/L。虽然所研究的 6 种元素的检测浓度都低于相关国家标准[《地表水环境质量标准》（GB 3838—2002）III 类水的标准和《生活饮用水卫生标准》（GB 5749—2006）]的要求，但是采样点间存在明显的差异，各个重金属的标准差均较高，特别是 Zn 浓度极差很大，从 4.26 μg/L 到 67.51 μg/L，存在较大的异质性。所以空间管理对洪湖的管理是必需的，对 6 种典型重金属浓度进行空间反距离插值，得到空间分布图，如图 3.5 所示。Zn 的空间分布如图 3.5（a）所示，不同位置的 Zn 浓度具有较大的波动性，其中，洪湖的整个湖面中，最南端区域的 Zn 浓度较高，而北部、东北部相对较低，呈现南高北低的特点，浓度最高点 S4 的 Zn 质量浓度（67.51 μg/L）为最低点 S5（4.26 μg/L）的近 16 倍。Pb 的平均质量浓度位居第二，湖面空间的重金属浓度分布如图 3.5（b）所示，Pb 浓度较高的区域为洪湖中部区域及西部部分区域（S5、S16、S3、S7），而低点位于西北部和南端（S9、S11、S13）。其次为 Cu，见图 3.5（c），Cu 浓度较高的区域主要为北部的大部分区域（采样点 S1、S2 和 S3），西南区域为显著低浓度区。Cr 浓度

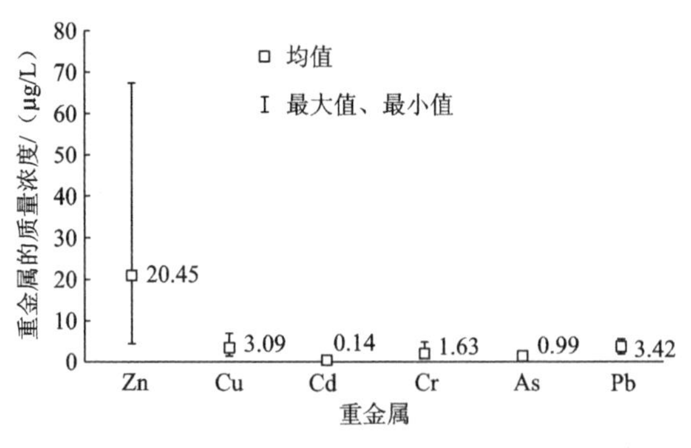

图 3.4　6 种重金属的质量浓度

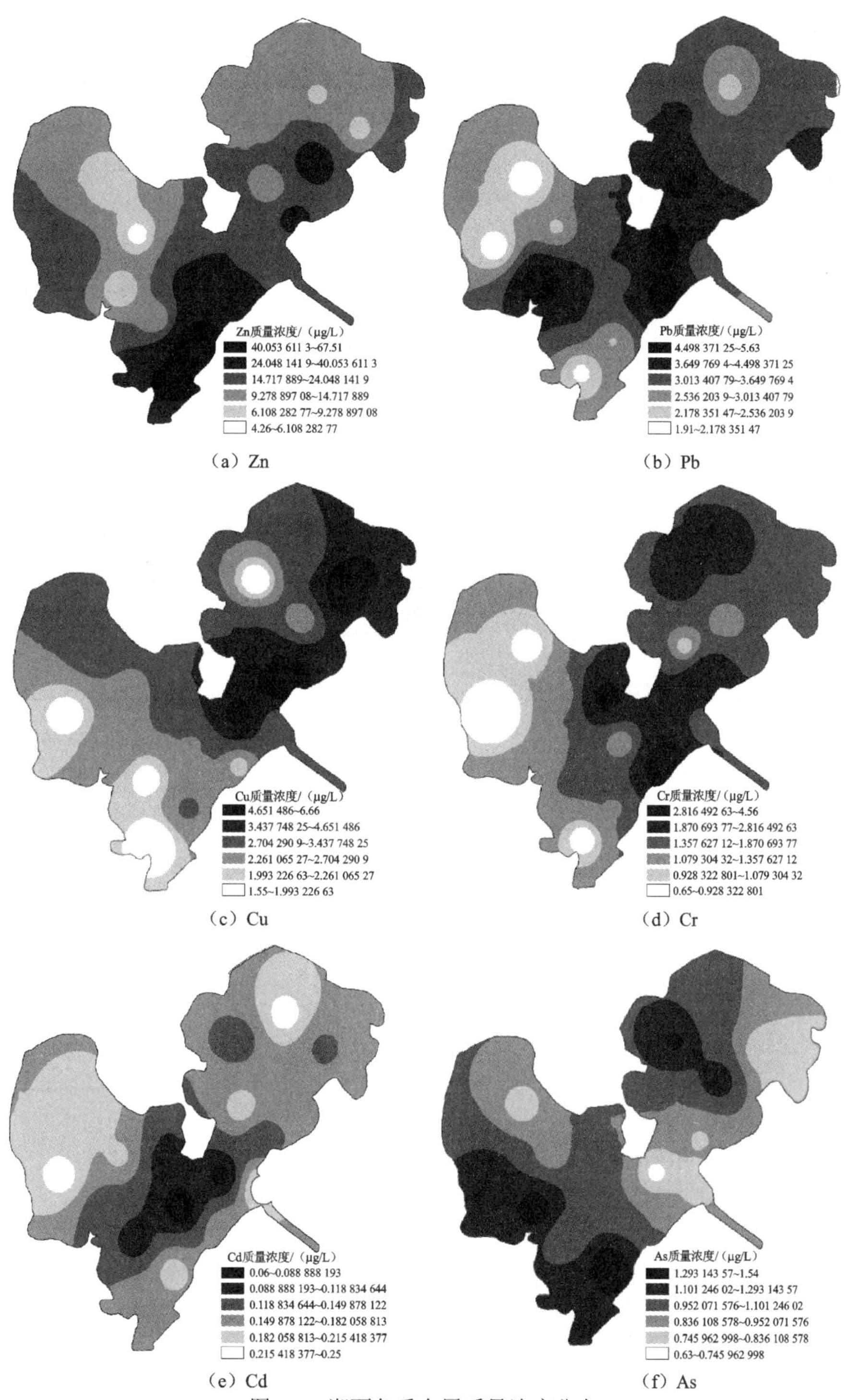

（a）Zn　（b）Pb

（c）Cu　（d）Cr

（e）Cd　（f）As

图 3.5　湖面各重金属质量浓度分布

的空间分布特征如图 3.5（d）所示，整体呈现出“东高西低”的特点，Cr 浓度较高的区域集中于洪湖中部区域及北部部分区域（S16、S6、S2、S19），浓度较低区域为 S11、S13 和 S9 所在的西部区域，最大值 4.56 μg/L（S16）是最小值 0.65 μg/L（S11）的 7 倍。由图 3.5（e）可知，Cd 浓度较高的区域主要集中于洪湖中部区域，而沿岸周边较低，由湖中心向沿岸逐渐降低，呈包围状。综上可知，Pb、Cu、Cr 和 Cd 浓度较高的区域均集中于洪湖中心的茶坛岛附近，说明岛上居民活动对洪湖水质造成了一定影响。洪湖水体中 As 的空间分布如图 3.5（f）所示，高浓度区域为西南部区域和东北部区域（S4、S5、S19、S18），低值区为中部、东部（S3、S1、S20）。东北部是四湖总干渠来水汇入洪湖的入湖口之一，而西南部区域主要是水产养殖区，表明水体中的 As 主要来源于上游的来水和水产养殖的排污。

将本节所得洪湖重金属浓度数据与国内外相关研究中的水域水质数据进行比较（表 3.3），与长江中的重金属浓度相比，洪湖所含的重金属水平均较低（Zn 除外），且洪湖的各类重金属浓度都比东洞庭湖稍高（As 除外）。总体而言，洪湖的 Zn 浓度较高。

表 3.3　相关研究的水域中重金属质量浓度　（单位：μg/L）

湖泊/河流	Zn	Cu	Cd	Cr	As	Pb
长江（中国）	9.40	10.70	4.70	20.90	13.20	55.10
汉江（中国）	—	21.65	3.78	—	20.05	2.31
东洞庭湖（中国）	8.86	0.07	0.05	—	3.23	0.04
湘江（中国）	84.57	20.33	1.34	6.61	12.24	2.29
拉瓦尔湖（巴基斯坦）	14	10	6	9	—	162
加泰罗尼亚河（西班牙）	1.9	1.3	1.2	2.4	2.9	2.2
底格里斯河（土耳其）	37	165	1.37	<5	2.35	0.34
洪湖（中国）	20.45	3.09	0.14	1.63	0.99	3.42

第三节　模糊健康风险评价模型的构建

在健康风险评价中，不确定性分析包括三个方面：参数、模型和情景，对这三个方面的分析具有重要的作用。其中情景是随机的，且无法控制，因此参数和模型两个方面是降低不确定性的着手点。本节基于提高参数的可信度，在评价模型中引入三角模糊数，针对受体对象的特征，对暴露参数进行修正和改进，以降低评价过程中的不确定性，从而科学、客观地得出评价受体所承受的健康风险，同时使用插值法对洪湖水体中重金属的污染状况进行科学的可视化呈现，以呈现整个研究区域的风险水平及隶属度，解决空白点位数值的缺失问题。三角模糊数与插值技术的应用，分别从原始数据和评价结果的呈现方式上，对不确定性进行了处理，提高了评价过程的科学性。本节运用模糊集的数据处理方式来减少实验分析所得数据，并降低评估过程中的不确定水平。模糊集理论由美国学者于20世纪70年代首次提出，随后历经约半个世纪的改进与拓展，如今在各行各业的研究领域得到了深入的应用。该理论开发了一个隶属度的指标定量地呈现风险评价结果的特点，描述数据在空间或时间上的模糊性和变化，从而能够很好地应对分析结果的数量和精度相对不足的情况，对数据进行一定的处理和模糊表达，因此成为广泛应用的模糊手段之一，如对河流湖泊等水域的生态环境容量进行估算、对区域沉积物和灰尘中毒物的污染程度进行生态风险评估等。三角模糊数具备简单易操作等优势，能较好弥补本次调研中由采样布点的局限所带来的不足，且三角模糊数已在各类介质中污染物的探究中得到广泛推广，如在水介质的研究领域，已验证了基于模糊集理论方法的应用可行性：李如忠（2007）采用此方法调查了城市地下水体中有机物对人体的潜在危害，由此获得了风险值及其对应的隶属度，表明模糊集理论对水介质中毒物风险的评价是可行的和可操作的；郑德凤等（2015）同样应用此方法对某城市多个地下水体中的有毒物质进行了风险评估，包含几种暴露途径的区别；陈耀宁等（2016）除了应用模糊集理论等方法对评价模型进行改进，还对长沙市多个江水监测点进行了监控，得出各个监测点的风险值的差异较高，对成人来说跨度超过了两个风险层级，对儿童来说均处于同一级别，但风险值的最高值达到最低值的2～3倍，这表明对于江水来说该调查区域的污染物含量在时空中的差异较大，因此所得出的健康风险具有较高的不确定性。

综上所述，平均值无法代表该时空尺度下的污染物浓度，以此做出的确定性评价具有一定的误导性。而使用三角模糊改进方法，能够对时空差异变化大的调查结果进行模糊处理，把过高或过低的异常值剔除，从而提高了可信度，避免异常值影响决策的判断，使风险评价的结果更加科学客观且全面地体现出研究区域的真实风险状况。所以本节采用三角模糊数的方法。

三角模糊数的定义（Li et al.，2017b；Promentilla et al.，2008）为：假

设模糊数 $\tilde{A}$ 写作(a_1, a_2, a_3)，且 $\tilde{A}\in\mathbf{R}$，那么，有如下的隶属度函数 $\mu\tilde{A}(x)$（李飞 等，2012）：

$$\mu\tilde{A}(x)=\begin{cases}0, & x<a_1\\ \dfrac{x-a_1}{a_2-a_1}, & a_1\leqslant x\leqslant a_2\\ \dfrac{a_3-x}{a_3-a_2}, & a_2\leqslant x\leqslant a_3\\ 0, & x>a_3\end{cases}\tag{3.9}$$

则得到三角模糊数 $\tilde{A}=(a_1, a_2, a_3)$，且有 $a_1\leqslant a_2\leqslant a_3$，这三者的数值为：$a_1$ 等于最小值和（均值-2 倍标准值）两者中的较大值；a_2 取均值；a_3 等于最大值和（均值+2 倍标准值）两者中的较小值。α-截集方法被广泛用于把 $\tilde{A}$ 变为一个范围，即区间数。实际中常取 0.9（李如忠，2007），本节亦取 0.9。当 $\tilde{A}\alpha=\{x|\mu\tilde{A}(x)>\alpha, x\in X\}$时，则有 $\tilde{A}\alpha=[a_s^\alpha, a_b^\alpha]=[\alpha(a_2-a_1)+a_1, -\alpha(a_3-a_2)+a_3]$。模糊数间的运算如下（曾文艺 等，1997）：

$$\tilde{A}_{\alpha1}+\tilde{A}_{\alpha2}=[A_{\alpha1}^{\mathrm{L}}+A_{\alpha2}^{\mathrm{L}},\quad A_{\alpha1}^{\mathrm{R}}+A_{\alpha2}^{\mathrm{R}}]\tag{3.10}$$

$$\tilde{A}_{\alpha1}\times\tilde{A}_{\alpha2}=[A_{\alpha1}^{\mathrm{L}}\times A_{\alpha2}^{\mathrm{L}},\quad A_{\alpha1}^{\mathrm{R}}\times A_{\alpha2}^{\mathrm{R}}]\tag{3.11}$$

$$\tilde{A}_{\alpha1}\div\tilde{A}_{\alpha2}=[A_{\alpha1}^{\mathrm{L}}\div A_{\alpha2}^{\mathrm{L}},\quad A_{\alpha1}^{\mathrm{R}}\div A_{\alpha2}^{\mathrm{R}}]\tag{3.12}$$

$$k\tilde{A}_{\alpha}=[kA_{\alpha}^{\mathrm{L}},\quad kA_{\alpha}^{\mathrm{R}}]\tag{3.13}$$

式中：α 为可信度；A_α 为可信度为 α 的区间数；L 代表左；R 代表右；A_α^{L} 与 A_α^{R} 分别为可信度为 α 的区间数的区间端点值；k 为大于 0 的实数。

根据洪湖周边常住居民的年龄构成、性别比例、城乡人口分布特征、职业类别、渔民及其他工种的工作暴露时间等的具体情况，选取针对本书研究受体合适的相关参数，如饮水量 IR、平均居民体重 BW 和平均皮肤表面积 SA 的具体数值，并进行模糊化，分别为（0.46, 1.98, 3.5）L/d、（52.28, 1.5, 72.63）kg 和（1.5, 1.68, 1.85）m^2，得出最终参数分别为[1.83, 2.13]L/d、[60.66, 62.52]kg 和[1.66, 1.70]m^2。暴露持续时间 ED 的取值需要根据实际情况进行衡量。国家标准中对成人暴露持续时间的推荐数值为 30 年。而在其他研究中，健康风险评价的对象对所研究的特定污染物来说，其暴露是从出生起就开始发生，且一直持续到死亡，在这期间暴露是持续存在的，那么应当取其寿命作为 ED 值（符刚 等，2015；李雷 等，2013）。对于洪湖周边的居民，其暴露时间为其期望寿命，而对于部分渔民来说，其暴露时间则是其工作年限。因此，对于整个受体人群来说，暴露持续时间不应是一个具体数值，而应当是一个数值区间，以囊括所研究的全部对象，因此其取值设定为[30, AT]年，即[30, 73.75]年。AT 的取值：对于非致癌风险，AT 为 ED×365；对应地，就致癌风险而言，危害存在的平均时长则取值为所研究区域居民的平均期望寿命，本节将其进行模糊化，得到（24271, 26678, 29085）d，最终为[26437, 26919] d。而对于重金属浓度：基于附表 1 中 6 种重金属的描述性统计，对 20 个点位所得重金属浓度的总体情况进行三角模糊化处理，然后采用 α-截集方法处理，如式(3.10)～式（3.13）所示，得到洪湖重金属浓度水平的模糊区间数，如表 3.4 所示，各点位的金属浓度模糊数见附表 2。

表 3.4　洪湖重金属平均质量浓度的模糊化处理　（单位：μg/L）

重金属	平均浓度的三角模糊数	α-截集后的平均浓度模糊数
Zn	（4.26, 20.45, 52.21）	[18.83, 23.63]
Cu	（1.55, 3.09, 6.01）	[2.94, 3.38]
Cd	（0.06, 0.14, 0.24）	[0.13, 0.15]
Cr	（0.65, 1.63, 3.57）	[1.53, 1.82]
As	（0.63, 0.99, 1.49）	[0.95, 1.04]
Pb	（1.91, 3.42, 5.63）	[3.27, 3.64]

那么，三角模糊化后的各项参数及优化的风险值计算模型见式（3.14）～式（3.19），其流程见图 3.6。

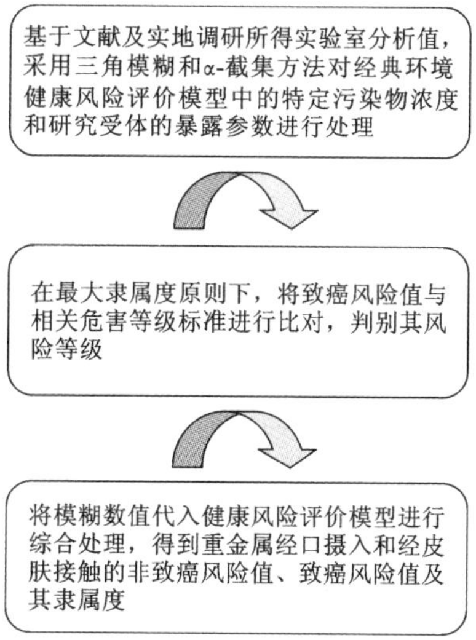

基于文献及实地调研所得实验室分析值，采用三角模糊和α-截集方法对经典环境健康风险评价模型中的特定污染物浓度和研究受体的暴露参数进行处理

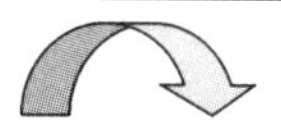

在最大隶属度原则下，将致癌风险值与相关危害等级标准进行比对，判别其风险等级

将模糊数值代入健康风险评价模型进行综合处理，得到重金属经口摄入和经皮肤接触的非致癌风险值、致癌风险值及其隶属度

图 3.6　基于三角模糊数的健康风险评价模型优化技术路线

$$\widetilde{\mathrm{ADD}}_{\mathrm{ing}\,\alpha}=\frac{\tilde{C}_{\mathrm{W}\alpha}\times\widetilde{\mathrm{IR}}_{\alpha}\times\mathrm{EF}\times\widetilde{\mathrm{ED}}_{\alpha}}{\widetilde{\mathrm{BW}}_{\alpha}\times\widetilde{\mathrm{AT}}_{\alpha}} \tag{3.14}$$

$$\widetilde{\text{ADD}}_{\text{derm}\,\alpha}=\frac{\tilde{C}_{\text{W}\alpha}\times\widetilde{\text{SA}}_{\alpha}\times K_{\text{P}}\times\text{ET}\times\text{EF}\times\widetilde{\text{ED}}_{\alpha}\times10^{-3}}{\widetilde{\text{BW}}_{\alpha}\times\widetilde{\text{AT}}_{\alpha}} \tag{3.15}$$

$$\widetilde{\text{HQ}}_{i\alpha}=\frac{\widetilde{\text{ADD}}_{i\alpha}}{\text{RfD}_{i\alpha}} \tag{3.16}$$

$$\widetilde{\text{HI}}_{\alpha}=\sum_{i=1}^{n}\widetilde{\text{HQ}}_{i\alpha} \tag{3.17}$$

$$\widetilde{\text{CR}}_{i\alpha}=\widetilde{\text{ADD}}_{i\alpha}\times\text{CSF}_{i} \tag{3.18}$$

$$\widetilde{\text{CR}}_{\alpha}=\sum_{i=1}^{n}\widetilde{\text{CR}}_{i\alpha} \tag{3.19}$$

上式中：～代表三角模糊处理；参数含义与本章第一节中健康风险评价模型中参数含义一致。

因此，健康风险的最终评价结果是个区间数。此时，该风险的区间数值对人体是否可接受，以及风险严重的程度，对决策者来说是有用的信息。相比于具有明确阈值的非致癌风险（HQ＜1），致癌风险往往需要通过讨论确定。本节综合美国国家环境保护局（2005）给出的规范要求和《污染场地风险评估技术导则》（HJ 25.3—2014）规定的分级标准和相关文献的级别划分（曾光明 等，1998)，对致癌风险数值进行不同危害级别的划分，见表 3.5。

表 3.5　致癌风险评价标准

风险类别		风险值	可接受程度
I 级风险	极低风险	$<1.00\times10^{-6}$	完全可接受
II 级风险	低风险	$[1.00\times10^{-6}, 1.00\times10^{-5})$	可忽略不计
III 级风险	低-中风险	$[1.00\times10^{-5}, 5.00\times10^{-5})$	需引起注意
IV 级风险	中风险	$[5.00\times10^{-5}, 1.00\times10^{-4})$	应给予一定的关注
V 级风险	中-高风险	$[1.00\times10^{-4}, 5.00\times10^{-4})$	应引起重视且采取一定的措施
VI 级风险	高风险	$[5.00\times10^{-4}, 1.00\times10^{-3}]$	必须采取必要的应对措施
VII 级风险	极高风险	$>1.00\times10^{-3}$	风险不可接受且必须解决

进一步考虑一个风险区间$[\text{CR}_1, \text{CR}_2]$与规定的风险等级$[\text{CR}_1^*, \text{CR}_2^*]$之间并不完全属于包含关系，难以直观判断风险等级。因此进一步定义风险区间相对于风险等级的隶属度函数，如式（3.20）所示。隶属度反映了对应风险等级发生的概率及可信度。

$$A(\lambda)=\frac{\left|[\text{CR}_1,\text{CR}_2]\cap[\text{CR}_1^*,\text{CR}_2^*]\right|}{\left|[\text{CR}_1,\text{CR}_2]\right|} \tag{3.20}$$

式中：$A(\lambda)$ 为风险值[CR_1, CR_2]对风险等级[CR_1^*, CR_2^*]的隶属度；$|\cdot|$为某风险数值的长度；∩为两者交集；[CR_1^*, CR_2^*]为某个风险等级的数值范围。

第四节　洪湖水体中重金属模糊健康风险评价

一、洪湖水体重金属整体风险水平

根据上一节构建的模糊健康风险评价模型，计算模糊平均浓度经口和经皮肤暴露所造成的非致癌风险，如表 3.6、附表 3～附表 5 所示。从元素来看，各个重金属总的模糊非致癌健康风险（HQ）从大到小的顺序为 As＞Pb＞Cr＞Cd＞Cu＞Zn。其中 As 的 HQ 比其他元素高出 1～2 个数量级。但是总体来看，各个重金属的 HQ 都小于 1，即便是 As 的 HQ 也只是[9.37×10^{-2}, 1.14×10^{-1}]，处于 0.1 左右，未体现出明显的潜在非致癌风险。从暴露途径来看，将各个元素经口和经皮肤暴露所得的风险值进行比较，得出经口暴露是造成非致癌风险的主要途径（93%），而在经口暴露中，As 是最主要的贡献因子（65%）。综合来说，在 6 种重金属中，As、Cr 和 Pb 是造成非致癌风险的最主要因素，占到了总风险值的 90%，而 Cu 的非致癌风险最低。其中 As 的平均非致癌风险值是最大的，占比达到了总风险值的一半以上，水中的 As 元素可能大部分来自周边农田中化肥农药的使用及鱼虾养殖中饵料、药物的施用。对于口和皮肤两种暴露途径来说，经口暴露途径相比于经皮肤暴露途径，其非致癌风险高出 10～100 倍，说明将洪湖水体作为饮用水的方式是人体对洪湖水体中重金属的最主要的暴露方式（Wu et al.，2009），因此，拒绝直饮水、将洪湖水经过处理再应用于生产生活会将经口暴露的潜在危害降到最低。

表 3.6　经口、经皮肤暴露的重金属平均浓度的非致癌风险

重金属	HQ_{ing}	HQ_{derm}	合计 HQ
Zn	[1.90×10^{-3}，2.31×10^{-3}]	[3.11×10^{-5}，3.31×10^{-5}]	[1.93×10^{-3}，2.43×10^{-3}]
Cu	[2.41×10^{-3}，2.63×10^{-3}]	[3.89×10^{-5}，4.18×10^{-5}]	[2.18×10^{-3}，2.61×10^{-3}]
Cd	[3.79×10^{-3}，4.61×10^{-3}]	[2.06×10^{-3}，2.20×10^{-3}]	[5.85×10^{-3}，6.81×10^{-3}]
Cr	[1.52×10^{-2}，1.84×10^{-2}]	[8.29×10^{-3}，8.78×10^{-3}]	[2.35×10^{-2}，2.72×10^{-2}]
As	[9.25×10^{-2}，1.12×10^{-1}]	[1.23×10^{-3}，1.31×10^{-3}]	[9.37×10^{-2}，1.14×10^{-1}]
Pb	[2.72×10^{-2}，3.31×10^{-2}]	[9.87×10^{-5}，1.06×10^{-4}]	[2.73×10^{-2}，3.32×10^{-2}]
合计	HI_{ing}	HI_{derm}	HI
	[1.42×10^{-1}，1.73×10^{-1}]	[1.10×10^{-2}，1.30×10^{-2}]	[1.52×10^{-1}，1.86×10^{-1}]

本书相关研究中部分金属具有致癌风险，其中 Cd 和 As 经口和经皮肤对人体造成暴露摄入，而 Cr 和 Pb 主要经口对人体造成暴露。进一步计算模糊平均浓度经口摄入和经皮肤暴露所造成的致癌风险，如表 3.7、附表 6 所示，各个重金属元素进行比较，4 种潜在致癌重金属总暴露途径的致癌风险从大到小依次为 As＞Cr＞Cd＞Pb。而从暴露途径来看，经口暴露是造成致癌风险的主要途径（99%），比皮肤暴露造成的致癌风险值高出 2 个数量级。而在经口暴露中，As 是最主要的贡献因子（63%）。综合来看，致癌风险值最高的为 As，最低的则为 Pb。

表 3.7　经口、经皮肤暴露的重金属平均浓度的致癌风险

重金属	CR_{ing}	CR_{derm}	合计 $CR_{重金属}$
Cd	$[5.86\times10^{-7}, 1.75\times10^{-6}]$	$[5.12\times10^{-8}, 1.34\times10^{-7}]$	$[6.37\times10^{-7}, 1.88\times10^{-6}]$
Cr	$[9.28\times10^{-6}, 2.76\times10^{-5}]$	—	$[9.28\times10^{-6}, 2.76\times10^{-5}]$
As	$[1.69\times10^{-5}, 5.06\times10^{-5}]$	$[2.25\times10^{-7}, 5.90\times10^{-7}]$	$[1.71\times10^{-5}, 5.07\times10^{-5}]$
Pb	$[3.20\times10^{-7}, 9.85\times10^{-7}]$	—	$[3.20\times10^{-7}, 9.85\times10^{-7}]$
合计	CR_{ing}	CR_{derm}	CR
	$[2.71\times10^{-5}, 8.09\times10^{-5}]$	$[2.76\times10^{-7}, 7.24\times10^{-7}]$	$[2.74\times10^{-5}, 8.16\times10^{-5}]$

根据前文定义的致癌风险模糊数相对风险等级的隶属度函数，本节计算典型重金属的致癌风险级别及其隶属度，如附表 8 所示。4 种具有致癌效应的重金属元素平均浓度的综合致癌风险范围最高值为 8.16×10^{-5}，逼近美国国家环境保护局给出的限值 1×10^{-4}，超出国际防辐射委员会（International radiation prevention Commission，ICRP）给出的风险限值 5×10^{-5}。对于口和皮肤两种暴露途径来说，经口暴露途径相比于经皮肤暴露途径，其致癌风险高出 10～100 倍，说明将洪湖水体作为饮用水的方式是人体对洪湖水体中重金属的最主要的暴露方式。As 浓度超过综合致癌风险值的 60%，接近 5×10^{-5} 的限值（ICRP），是致癌风险的主要因子，需要特别的关注。As 属于类金属，具有较高的毒性，已被世界卫生组织认定为致癌物。国内外对于 As 的意外中毒事故及其致癌致病效应进行了研究，其中通过饮用水摄入 As 是发生中毒事故最主要的途径，而水体中的 As 则主要来自天然的累积，因此饮用水中的 As 浓度限值是控制摄入的重点。世界卫生组织首先将饮用水中 As 质量浓度的限值规定为 50 μg/L，该限值得到了广泛的认可。但随着时间的推移，As 中毒及对应的致癌致病效应频繁出现，该限值降低为 10 μg/L，已经得到了部分国家和地区的认可，但其科学性和可行性仍存在一些不确定性。当前对 As 的致癌致病效应的研究中，

毒理仍然是研究的重点，而饮用水中 As 浓度限值的确定仍未有定论。即使是低浓度的 As 暴露，对于长期暴露来说也会造成一定的致癌风险（罗菲 等，2017；曾奇兵 等，2017）。

从隶属度角度来看（图 3.7、附表 7～附表 8），Pb 属于 I 级致癌风险，而 Cd、Cr、As 均跨越了不同的等级，这些风险等级的跨度表明：对研究对象的风险等级的判断存在一定的不确定性，因此根据其跨度的大小，需要进一步判断其最可信的等级。Cr 和 As 对 III 级风险的隶属度都超过 0.9，因此具有较低的不确定性。而 Cd 在 I 级风险和 II 级风险的隶属度水平差别较小，因此需要进行进一步的判别。综合本小节中的几种重金属来看，其综合风险跨越了 III 级风险和 IV 级风险，而 IV 级风险对应的隶属度超过 0.5，因此总风险为 IV 级风险（中风险）。

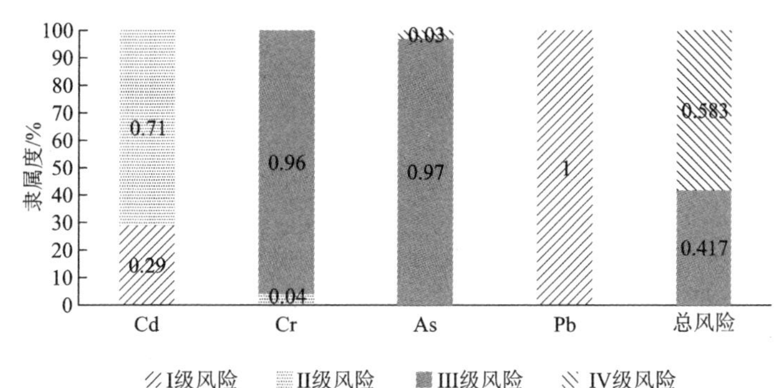

图 3.7 洪湖水体中 4 种重金属的致癌风险等级及其隶属度

综上所述，重金属的浓度限值评价与健康风险评价结果具有一定的差异性。具体而言，洪湖水体中重金属浓度低于相关的标准限值，但是重金属致癌风险及总致癌风险均高于风险可接受阈值。说明相比于《地表水环境质量标准》（GB 3838—2002）的 III 类水标准和《生活饮用水卫生标准》（GB 5749—2006），健康风险评价对水体中重金属的管控更加严格。国家标准可以快速、方便、初步地识别环境健康事件中超高浓度的污染物。但是具有慢性毒性的污染源，特别是其较低浓度下人体持续摄入所造成的风险，例如重金属会在持续低剂量暴露过程中在人体内进行蓄积，从而最终产生一定的健康风险。这种情况是较难被国家标准评价所识别的。

二、重金属模糊健康风险空间分布特征

从致癌风险的隶属度来看，Cd 的模糊致癌风险和总致癌风险表现出非常直观的不确定度，即风险模糊数横跨两个等级。因此基于洪湖水体重金

属整体污染情况的模糊健康风险评价结果，本小节着重从健康风险的空间分布上进行分析和讨论。另外，本小节并未直接将各采样点浓度代入基于三角模糊数的健康风险评价模型中，而是考虑监测实验过程中的不确定性，将实验分析过程中平行测定结果以三角模糊数的形式代入评价模型中，对仪器设备的不确定性进行联合控制。对每一个水样进行测定时，将仪器的平行测量次数设定为三次，基于三次测量结果，进行对应模糊数的计算。

根据上述核算方法，得到各点位经口、经皮肤的致癌风险模糊区间及综合致癌风险模糊区间，具体结果如附表 6 所示。最大风险的采样点位（S16）是最小采样点位（S9）的 2 倍，空间变异性较明显。为了直观地进行风险决策，基于风险等级和隶属度，各点位评价结果以等级和隶属度的形式进行表征，模糊综合致癌风险结果如图 3.8、附表 7 及附表 8 所示。这 20 个采样点位的致癌风险等级均跨越了 2～3 个等级，其中 4 个点位跨越了三个等级[III 级（低-中风险）至 V 级（中-高风险）]，而 16 个点位跨越了两个等级[III 级（低-中风险）至 IV 级（中风险）]。这表明模糊性在一定程度上干扰了对风险严重区域的判断。在最大隶属度下，20 个采样点位中，有超过一半的风险等级为 III 级（低-中风险），45%的点位处于 IV 级风险（中风险）。综合 20 个点位来看，总体属于中风险水平，其中 4 个点位对于 V 级（中-高风险）具有 0.045～0.339 的隶属度，表明这几处的风险相对较高，因此从管控上来说，需要给予特别关注，应当定期进行常规的水质监测以及时获取其水质数据，一旦发现其水质恶化严重并对应着高风险时，需要及时采取控制措施。其中，点位 S6 是茶坛岛附近居民的取水点，其水质的变化对周边居民的生活具有较大的影响。而点位 S6 所在区域的潜在危害水平略严重，其中 Cr 浓度明显高于其他点位，而此处为该岛的码头所在地，船只往来频繁，人员的流动大，人群密集程度高。因此附近居民若要取湖水用于生活和饮用，应当绕行到该岛的其他侧面进行取水。

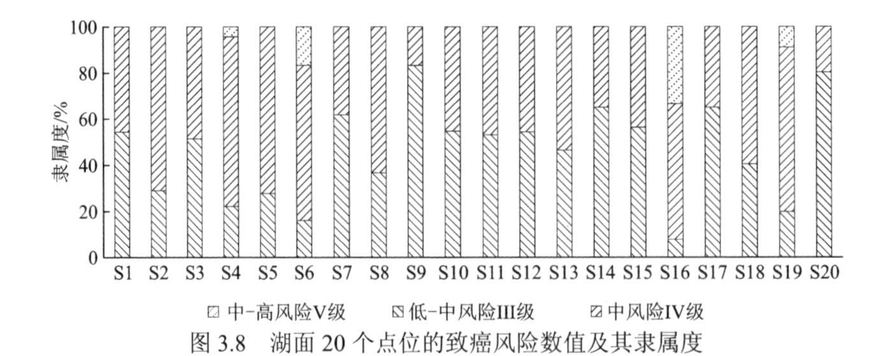

图 3.8　湖面 20 个点位的致癌风险数值及其隶属度

为进一步反映模糊评价的空间分布差异，采用反距离加权插值得到洪湖水体典型重金属元素的模糊综合致癌风险水平及其隶属度的空间分布图，如图 3.9 所示。其中深色块代表较高的风险，而浅色块代表较低的风险。总体而言，其南部及东北部具有较高的风险，可以初步判定为主控区。相比于复杂的各个重金属的空间分布图（图 3.5），图 3.9 直观反映了致癌风险视角下典型重金属的综合风险情况。空间上，洪湖水域的不同片区的污染状况有一定差异。相比其他区域而言，洪湖南部、茶坛岛的重金属风险都为较高风险，且主要的风险来源是 As 和 Cr。当前研究得出周边居民对洪湖环境中重金属的暴露的非致癌风险水平是可接受的，但在实际情况中，考虑污染物的种类繁多及其交互作用的复杂和其他未知因素，对水质进行常规的监测及综合的分析是必要的。另外，根据前期的实地考察得知，几处采样点（图 3.10）的围网养殖现象较为严重（郑煌 等，2016），渔民在围网养殖过程中投放饲料、鱼药等，这些额外投放的物质会提高水体中营养物质的浓度，有利于水生动物的生长，但同时也会增加水体中的各类污染物，造成污染的加重。将图 3.9 与图 3.5（f）中 As 的浓度分布进行对比，可以发现其数值高低分布具有高度的相似性，这进一步表明致癌风险的主要因子是 As。结合隶属度来看，图 3.9（b）呈现了最大隶属度下 20 个点位的隶属度的空间分布。基于最大隶属度原则判定风险等级，而这个隶属度往往大于 50%。图 3.9（b）中较高的隶属度即表明对该水域的致癌风险等级的判别具有较高的可信度，判定结果更为肯定，不确定性较小。而相对应的，较低的隶属度表明该水域风险等级难以准确判定，模糊综合风险区间横跨两个等级，且隶属度相当。可以看出，洪湖北部的整体隶属度较高，对其风险等级的判断较为明朗，北部区域的风险值较高，所以综合判定该区域具有明确的高致癌风险特征，将该区域作为主控区域是必要的，建议启动相应的风险干预措施。反之，南部的个别区块的可信度较低，但是综合来看，南部的高风险等级和低风险等级的隶属度较高，只有过渡地带风险区域隶属度存在过低的情况。因此需要通过进一步的分析来对这些点位周围的健康风险的可能性进行评判。对于这些点位或周边区域来说，隶属度较低说明其风险等级与相邻风险等级的可信度非常接近，区别较小。这种南部的空间特征可以判定为该区域可能存在点源的污染和风险特征，在这些隶属度较低的区域，要严控污染源、设置监测管控断面、完善功能区域，防止高风险区域的进一步扩大。

（a）综合风险等级　（b）隶属度

图 3.9　插值化的重金属综合风险等级及其隶属度

（a）S8　（b）S13

（c）S16　（d）S18

图 3.10　各采样点周边环境照片

第五节　模糊健康风险评价与确定性评价的比较

水体中有毒有害污染物（如重金属）的含量、毒性作用机理，以及受体人群的暴露行为模式均会决定污染物暴露的健康风险水平。本节对模型中相关参数的取值进行全方位的考虑，包括职业特征、居住区域、性别比例、季节因素等条件，对于受体人群的暴露行为，考虑一般研究中的职业暴露情景，也考虑不同受体人群的暴露情景如终身暴露，从而更加真实地反映研究对象的真实暴露特征。本节基于实地的调研，针对涉及人群的实际情况更加规范和科学地选取了相关数值，以准确地开展后续的剂量与风险评估。为了进一步定量化反映对不确定性控制的效果，本节将基于对比分析进行讨论：洪湖整体污染水平健康风险评价结果模糊化方法与确定化方法的对比；空间尺度上，各点模糊健康风险评价与确定性评价的对比。

洪湖整体污染水平健康风险评价结果模糊化方法与确定化方法的对比，主要是通过对比代入三角模糊数前后评价结果的差异，来量化模糊化方法对不确定性控制的效果。将非致癌风险的模糊风险评价结果与确定性评价（附表 9）的风险值进行对比（附表 10），结果如图 3.11 所示，得知其风险判断呈现高度的相似性，这表明三角模糊数对原本的风险评价模型是适用的，且不损害其准确性。重金属的非致癌风险平均水平的相对顺序不变，两种方法所得的综合非致癌风险水平都低于风险可接受阈值。两种方法的区别在于模糊评价法所得的风险区间将确定性评价法所得的风险包含在内，这是因为模糊评价法中的污染物含量及特征人群的所含信息更为丰富。因此，暴露参数均取较大范围的值。

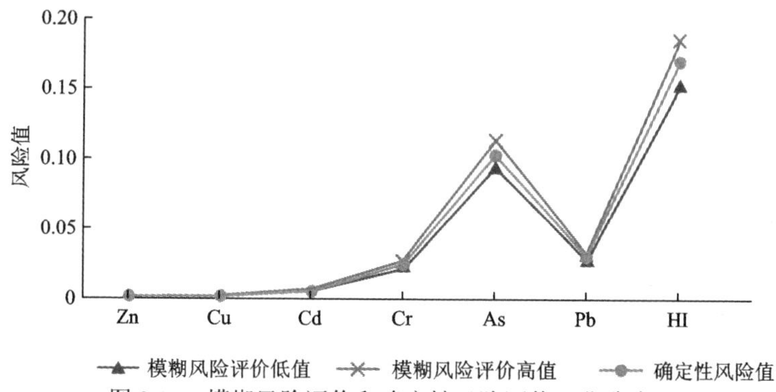

图 3.11 模糊风险评价和确定性风险评价（非致癌）

模糊与确定性致癌风险评价（确定性评价的详细结果见附表 11）的对比见图 3.12、附表 12，可知两者的判断在大体上保持一致，重金属的致癌风险水平由高到低的顺序保持不变，但两种方法的综合风险呈现出一些区别。具体来说，确定性致癌风险评价中的单一金属的致癌风险和加和的综合风险水平均低于 5×10^{-5}（ICRP）和 1×10^{-4}（USEPA），说明在这种评价模型下得出洪湖污染状况不严重，风险处于可接受的级别。但在模糊评价中 As 的单一风险值及金属的综合风险值超过了 5×10^{-5}（ICRP），且个别点位的综合风险值甚至超过了 1×10^{-4}（USEPA）。造成以上差异的原因是，对数据进行模糊化的过程不仅根据数据的数量及数值的特征对极值进行了处理和选取，并且依据其分布特征，运用了可信度大于90%的区间内数据，在这样的取值方式下，本节所应用的参数范围比相关研究中的采用值要大，因此其风险评价结果是一个有一定跨度的数值区间，区间的高点及最高风险值高于确定性所对应的值，比采用平均含量或中位数或极值等在一定程度上包含了更多、更科学的信息，区间数的范围比单一值要大，对受体人群的考虑更加全面，也更符合实际情况。特别是在暴露时间的数值选取上，模糊风险评价方法不仅考虑了职业暴露的情景，更考虑了周边居民终身暴露的情景，因此比单一的职业暴露情景更加客观和全面，本节以类似的参数选取方法，尽可能地降低了多个参数的不确定性。

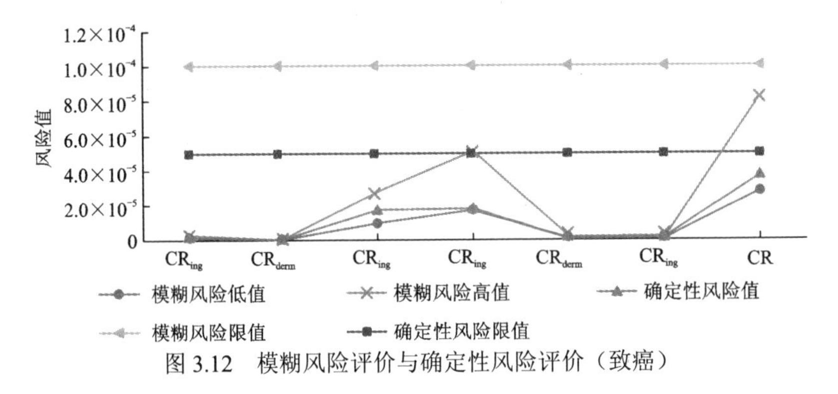

图 3.12 模糊风险评价与确定性风险评价（致癌）

空间尺度上，各点模糊健康风险评价与确定性评价的对比主要是通过对比逐点代入浓度区间数和暴露参数区间数（模糊综合评价方法）与逐点代入均值浓度及参数进行确定性评价结果的差异，包括风险值与对应风险等级的对比。结果如表 3.8 所示。

对于非致癌风险来说，20 个点位的确定性评价与模糊评价所得非致癌风险值均小于 1，因此两者呈现出了相同的判断结果，即不存在明显的潜在非致癌风险，且模糊风险所得区间数的值与确定性风险的值接近，差距小。而对于致癌风险来说，两种方法所得的风险值具有一定的差异，其中模糊评价法所得大多数（90%）点位风险区间数的高值为确定性风险值的2～3 倍，少数（10%）点位为 1～2 倍，而确定性评价风险值相比模糊风险区间数的低值而言，所有 20 个点位的前者均为后者的 1～2 倍。这说明模糊风险区间数与确定性风险评价值之间具有较大的差异，且模糊风险值所呈现的风险相比确定性风险值是稍大的。在两种方法所对应的风险等级的判定上，同样体现出这一点。在确定性评价方法中，综合来看，20 个点位的总体风险值包括两个等级：III 级（低-中风险）和 V 级（中-高风险），

表 3.8　各点位（非）致癌风险的确定性评价与模糊评价对比

采样点	模糊 HI	确定性 HI	模糊 CR	确定性 CR	模糊评价等级	确定性评价等级
S1	$[1.31\times10^{-1}, 1.65\times10^{-1}]$	1.47×10^{-1}	$[2.31\times10^{-5}, 7.29\times10^{-5}]$	4.26×10^{-5}	$\frac{\mathbf{0.541}}{\textbf{Level III}}+\frac{0.459}{\text{Level IV}}$	III
S2	$[1.68\times10^{-1}, 2.01\times10^{-1}]$	1.84×10^{-1}	$[3.18\times10^{-5}, 9.42\times10^{-5}]$	4.67×10^{-5}	$\frac{0.291}{\text{Level III}}+\frac{\mathbf{0.709}}{\textbf{Level IV}}$	III
S3	$[1.52\times10^{-1}, 1.81\times10^{-1}]$	1.66×10^{-1}	$[2.49\times10^{-5}, 7.37\times10^{-5}]$	3.55×10^{-5}	$\frac{\mathbf{0.514}}{\textbf{Level III}}+\frac{0.486}{\text{Level IV}}$	III
S4	$[1.98\times10^{-1}, 2.36\times10^{-1}]$	2.16×10^{-1}	$[3.49\times10^{-5}, 1.03\times10^{-4}]$	4.18×10^{-5}	$\frac{0.222}{\text{Level III}}+\frac{\mathbf{0.734}}{\textbf{Level IV}}+\frac{0.044}{\text{Level V}}$	III
S5	$[2.05\times10^{-1}, 2.49\times10^{-1}]$	2.27×10^{-1}	$[3.22\times10^{-5}, 9.66\times10^{-5}]$	3.87×10^{-5}	$\frac{0.277}{\text{Level III}}+\frac{\mathbf{0.723}}{\textbf{Level IV}}$	III
S6	$[1.86\times10^{-1}, 2.21\times10^{-1}]$	2.03×10^{-1}	$[3.80\times10^{-5}, 1.13\times10^{-4}]$	5.48×10^{-5}	$\frac{0.161}{\text{Level III}}+\frac{\mathbf{0.671}}{\textbf{Level IV}}+\frac{0.168}{\text{Level V}}$	IV
S7	$[1.50\times10^{-1}, 1.80\times10^{-1}]$	1.65×10^{-1}	$[2.26\times10^{-5}, 6.70\times10^{-5}]$	2.79×10^{-5}	$\frac{\mathbf{0.617}}{\textbf{Level III}}+\frac{0.383}{\text{Level IV}}$	III
S8	$[1.45\times10^{-1}, 1.75\times10^{-1}]$	1.60×10^{-1}	$[2.91\times10^{-5}, 8.61\times10^{-5}]$	3.94×10^{-5}	$\frac{0.367}{\text{Level III}}+\frac{\mathbf{0.633}}{\textbf{Level IV}}$	III
S9	$[1.08\times10^{-1}, 1.30\times10^{-1}]$	1.18×10^{-1}	$[1.89\times10^{-5}, 5.61\times10^{-5}]$	2.34×10^{-5}	$\frac{\mathbf{0.836}}{\textbf{Level III}}+\frac{0.164}{\text{Level IV}}$	III
S10	$[1.31\times10^{-1}, 1.62\times10^{-1}]$	1.47×10^{-1}	$[2.36\times10^{-5}, 7.15\times10^{-5}]$	3.05×10^{-5}	$\frac{\mathbf{0.550}}{\textbf{Level III}}+\frac{0.450}{\text{Level IV}}$	III

续表

采样点	模糊 HI	确定性 HI	模糊 CR	确定性 CR	模糊评价等级	确定性评价等级
S11	$[1.42\times10^{-1}, 1.70\times10^{-1}]$	1.56×10^{-1}	$[2.45\times10^{-5}, 7.25\times10^{-5}]$	2.81×10^{-5}	$\frac{\mathbf{0.532}}{\textbf{Level III}}+\frac{0.468}{\text{Level IV}}$	III
S12	$[1.41\times10^{-1}, 1.69\times10^{-1}]$	1.55×10^{-1}	$[2.41\times10^{-5}, 7.18\times10^{-5}]$	3.16×10^{-5}	$\frac{\mathbf{0.543}}{\textbf{Level III}}+\frac{0.457}{\text{Level IV}}$	III
S13	$[1.52\times10^{-1}, 1.83\times10^{-1}]$	1.67×10^{-1}	$[2.61\times10^{-5}, 7.75\times10^{-5}]$	3.05×10^{-5}	$\frac{0.456}{\text{Level III}}+\frac{\mathbf{0.535}}{\textbf{Level IV}}$	III
S14	$[1.25\times10^{-1}, 1.50\times10^{-1}]$	1.37×10^{-1}	$[2.20\times10^{-5}, 6.51\times10^{-5}]$	2.76×10^{-5}	$\frac{\mathbf{0.650}}{\textbf{Level III}}+\frac{0.350}{\text{Level IV}}$	III
S15	$[1.50\times10^{-1}, 1.79\times10^{-1}]$	1.64×10^{-1}	$[2.38\times10^{-5}, 7.02\times10^{-5}]$	2.98×10^{-5}	$\frac{\mathbf{0.565}}{\textbf{Level III}}+\frac{0.435}{\text{Level IV}}$	III
S16	$[2.06\times10^{-1}, 2.46\times10^{-1}]$	2.26×10^{-1}	$[4.34\times10^{-5}, 1.29\times10^{-4}]$	6.63×10^{-5}	$\frac{0.078}{\text{Level III}}+\frac{\mathbf{0.584}}{\textbf{Level IV}}+\frac{0.338}{\text{Level V}}$	IV
S17	$[1.23\times10^{-1}, 1.47\times10^{-1}]$	1.34×10^{-1}	$[2.20\times10^{-5}, 6.51\times10^{-5}]$	2.94×10^{-5}	$\frac{\mathbf{0.649}}{\textbf{Level III}}+\frac{0.351}{\text{Level IV}}$	III
S18	$[1.62\times10^{-1}, 1.94\times10^{-1}]$	1.77×10^{-1}	$[2.79\times10^{-5}, 8.26\times10^{-5}]$	3.37×10^{-5}	$\frac{0.405}{\text{Level III}}+\frac{\mathbf{0.595}}{\textbf{Level IV}}$	III
S19	$[1.94\times10^{-1}, 2.34\times10^{-1}]$	2.14×10^{-1}	$[3.60\times10^{-5}, 1.07\times10^{-4}]$	4.70×10^{-5}	$\frac{0.198}{\text{Level III}}+\frac{\mathbf{0.707}}{\textbf{Level IV}}+\frac{0.095}{\text{Level V}}$	III
S20	$[1.20\times10^{-1}, 1.44\times10^{-1}]$	1.32×10^{-1}	$[1.93\times10^{-5}, 5.74\times10^{-5}]$	2.65×10^{-5}	$\frac{\mathbf{0.806}}{\textbf{Level III}}+\frac{0.194}{\text{Level IV}}$	III

其中，20 个点位中有 90%的点位处于 III 级（低-中风险），10%的点位（S6、S16）属于 IV 级（中风险）。而模糊评价等级跨越了三个等级：III 级（低-中风险）、IV 级（中风险）和 V 级（中-高风险）。大体范围上，模糊评价比确定性评价风险要高出一个危险等级。根据最大隶属度原则，可确定每个点位的风险级别。具体到每个点位来说，确定性评价与模糊评价所得致癌风险等级的区别具有不同的特征。①S7、S9、S14、S15、S17、S20 点位在两种评价方法下的风险等级相同，均为 III 级（低-中风险）。②S2、S4、S5、S8、S13、S18 点位在确定性评价中被判定为 III 级（低-中风险），但是在模糊评价中被评 IV 级（中风险），其中 S4 在模糊评价中跨越了三个等级，因此其虽然评定为 IV 级（中风险），但具有较小的向 V 级（中-高风险）跨越的趋势。③S6、S16 在确定性评价中为 IV 级（中风险），而在模糊评价中均跨越了三个等级：III 级（低-中风险）、IV 级（中风险）和 V 级（中-高风险）。按照最大隶属度原则，其风险等级为 IV 级，但却具有一定的向 V 级（中-高风险）跨越的趋势。④部分点位（S1、S3、S10、S11、S12）的模糊评价等级虽然被评定为 III 级（低-中风险），但其对 IV 级（中风险）的隶属度为 0.4～0.5，表明对其风险等级的判断具有较大的不确定性，具有向 IV 级（中风险）跨越的较大趋势。⑤S19 在确定性评价中为 III 级（低-中风险），而模糊评价结果跨越了三个等级，且被确定为 IV 级（中风险），其具有 V 级（中-高风险）跨越的趋势。

为了方便对比模糊评价与确定性评价在风险空间决策方便的差异，将确定性评价所得致癌风险的等级进行插值化处理，得到空间分布图（图 3.13）。与模糊评价[图 3.9（a）]相比，两类评价方法得到的风险级别总体一致，洪湖湖面整体水质致癌风险跨越两个等级，属于“低-中风险”至“中风险”，但确定性评价与模糊评价的结果具有一些差异性，确定性评价只识别出两个峰值区域，而模糊评价结果则表现出 7 个峰值区域。说明确定性评价的风险等级是较低的，为“低-中风险”，而模糊评价给出了较高的风险等级为“中风险”。特别的是，某些点位的风险等级在确定性评价下为“低-中风险”，但在模糊评价下为“中风险”，而其他的点位在两种评价方法下得出了同样的风险等级结果。那么在这种情况下，确定性评价会给出误导信息。模糊数的引入能够填补这一缺陷，在得出其风险水平值的同时，呈现了其隶属度，基于此，对两者进行综合分析，能够为相关决策者提供全面、丰富、科学的信息，有利于对主控因素与主控区域的判定和采取后续措施。由此可见，模糊化处理能够提示决策者哪些区域是需要更多关注的区域，以避免单一化的判断会忽略具有高风险倾向的管控区域的情况。

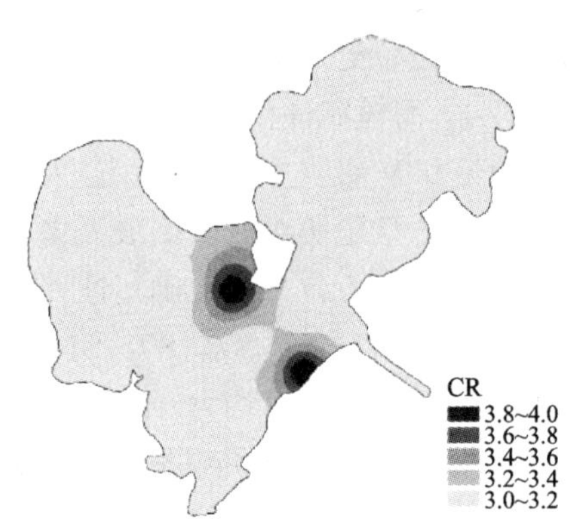

图 3.13 确定性评价 CR 空间分布（致癌）

而两种方法之间的区别也体现出模糊评价方法由于考虑了受评人群在暴露情景下的特点，在暴露参数上具有一定的跨度，这种跨度反映了人群的差异，具有一定的科学性。从而基于得到的相对较高的风险值，进行风险等级的判定及风险管理策略的制订，是更为严谨的。同时对于不同的风险等级，其隶属度为该风险等级进行了不确定性的量化表征，在减少评价结果冗余信息的同时，保留并表征了利于相关决策的数据的波动误差。本章相关研究也存在一定的不足：①毒性及部分暴露参数值取自美国国家环境保护局，即采取的是国外相关人群的毒性-效应关系值，不具备针对性的地域特征，由于人群及其环境本身的差异，可能会带来最终评价结果的不科学性。参考《中国人群暴露参数手册》公布数据，对相关人群开展流行病学调查及不同毒物的生理毒理机制研究，以得到适用于国内的毒性参数值。②本章仅考虑了水体中典型重金属的健康效应，并进行了累计风险的评估，未考虑其他重金属及有机、无机污染物。③本章基于调查做出的情景设置为：茶坛岛周边生活居民及周围农村地区的人口均取洪湖水用于生活、生产等，因此得出经口摄入和经皮肤接触这两类方式是受体人群对洪湖水体中重金属的主要暴露方式，并在此基础上设置相关暴露参数进行评价。可以预见的是，随着人民群众生活水平的提高和城镇化的快速发展，该区域的民众可能以自来水替换洪湖水作为生活用水，此时其暴露特征及对应的暴露参数会发生改变，进而决定了不同的暴露剂量，那时相关的管控措施将根据实际情况而有所改变。总体来说，本章得到的健康风险水平，对相关部门及周边居民的污染治理及风险控制系统提出了一些辅助决策信息，如洪湖南部水域和西北部水域应当得到重视，当前该湖泊的水质不满足作为饮用水的水质要求，需要采取一定的措施进行管控和优化。

参考文献

陈耀宁, 智国铮, 袁兴中, 等, 2016. 基于三角随机模拟和ArcGIS的河流水环境健康风险评价模型[J]. 环境工程学报, 10(4): 1799-1806.

丁昊天, 袁兴中, 曾光明, 等, 2009. 基于模糊化的长株潭地区地下水重金属健康风险评价[J]. 环境科学研究, 22(11): 89-94.

段小丽, 王宗爽, 李琴, 等, 2011. 基于参数实测的水中重金属暴露的健康风险研究[J]. 环境科学, 32(5): 1329-1339.

符刚, 曾强, 赵亮, 等, 2015. 基于GIS的天津市饮用水水质健康风险评价[J]. 环境科学, 36(12): 4553-4560.

李飞, 2015. 城镇土壤重金属污染的层次健康风险评价与量化管理体系[D]. 长沙: 湖南大学.

李飞, 黄瑾辉, 曾光明, 等, 2012. 基于三角模糊数和重金属化学形态的土壤重金属污染综合评价模型[J]. 环境科学学报, 32(2): 432-439.

李华刚, 赵丽生, 2014. 洪湖市中稻产能开发潜力探析[J]. 现代农业科技(5): 85-86.

李雷, 李红, 王学中, 等, 2013. 广州市中心城区环境空气中挥发性有机物的污染特征与健康风险评价[J]. 环境科学, 34(12): 4558-4564.

李如忠, 2007. 基于不确定信息的城市水源水环境健康风险评价[J]. 水利学报, 38(8): 895-900.

李镇镇, 李晓东, 李飞, 等, 2015. 基于动态聚类分析和盲数理论的综合营养状态指数评价模型[J]. 环境工程学报, 9(4): 2021-2026.

罗菲, 刘起展, 2017. 瓦伯格(Warburg)效应在砷致癌中作用的研究进展[J]. 中华地方病学杂志, 36(1): 70-73.

宋瀚文, 张博, 王东红, 等, 2014. 我国36个重点城市饮用水中多环芳烃健康风险评价[J]. 生态毒理学报, 9(1): 42-48.

王永杰, 贾东红, 孟庆宝, 等, 2003. 健康风险评价中的不确定性分析[J]. 环境工程, 21(6): 66-69.

曾光明, 卓利, 钟政林, 等, 1998. 水环境健康风险评价模型[J]. 水科学进展, 9(3): 212-217.

曾奇兵, 张爱华, 2017. 砷暴露与皮肤癌[J]. 中华地方病学杂志, 36(1): 74-78.

曾文艺, 罗承忠, 肉孜阿吉, 1997. 区间数的综合决策模型[J]. 系统工程理论与实践, 17(11): 48-50.

郑德凤, 赵锋霞, 孙才志, 等, 2015. 考虑参数不确定性的地下饮用水源地水质健康风险评价[J]. 地理科学, 35(8): 1007-1013.

郑煌, 杨丹, 邢新丽, 等, 2016. 洪湖沉积柱中重金属的历史分布特征及来源[J]. 中国环境科学, 36(7): 2139-2145.

中华人民共和国环境保护部, 2013. 中国人群暴露参数手册[M]. 北京: 中国环境出版社.

祝慧娜, 袁兴中, 曾光明, 等, 2009. 基于区间数的河流水环境健康风险模糊综合评价模型[J]. 环境科学学报, 29(7): 1527-1533.

DENG Y, NI F, YAO Z, 2012. The Monte Carlo-based uncertainty health risk assessment associated with rural drinking water quality[J]. Journal of Water Resource & Protection, 4(9): 772-778.

IARC, 2020. Agents classified by the IARC monographs, volumes 1-127[R]//List of Classifications-IARC Monographs on the Identification of Carcinogenic Hazards to Humans. https://monographs. iarc. fr/list-of-classifications.

IQBAL J, SHAH M H, AKHTER G, 2013. Characterization, source apportionment and health risk assessment of trace metals in freshwater Rawal Lake, Pakistan[J]. Journal of Geochemical Exploration, 125(125): 94-101.

LI F, QIU Z, ZHANG J, et al., 2017a. Investigation, pollution mapping and simulative leakage health risk assessment for heavy metals and metalloids in groundwater from a typical brownfield, middle China[J]. International Journal of Environmental Research & Public Health, 14(7): 768.

LI F, QIU Z, ZHANG J, et al., 2017b. Spatial distribution and fuzzy health risk assessment of trace elements in surface water from Honghu Lake[J]. International Journal of Environmental Research & Public Health, 14(9): 1011.

PROMENTILLA M A B, FURUICHI T, ISHII K, et al., 2008. A fuzzy analytic network process for multi-criteria evaluation of contaminated site remedial countermeasures[J]. Journal of Environmental Management, 88(3): 479-495.

USEPA, 1989. Risk Assessment guidance for superfund volume 1. Human health evaluation manual (Part A); EPA/540/1-89/002 Office of Emergency and Remedial Response[R]. Environmental Protection Agency, Washington D C, USA.

USEPA, 2004. Risk assessment guidance for superfund volume 1. Human health evaluation manual (Part E, Supplemental guidance for dermal risk assessment); EPA/540/R/99/005 Office of Superfund Remediation and Technology Innovation[R]. Environmental Protection Agency, Washington D C, USA.

WU B, ZHAO D Y, Jia H Y, et al., 2009. Preliminary risk assessment of trace metal pollution in surface water from Yangtze River in Nanjing Section, China[J]. Bulletin of

Environmental Contamination & Toxicology, 82(4): 405-409.

ZENG X, LIU Y, YOU S, et al., 2015. Spatial distribution, health risk assessment and statistical source identification of the trace elements in surface water from the Xiangjiang River, China[J]. Environmental Science & Pollution Research International, 22(12): 9400-9412.

第四章　洪湖沉积物中重金属模糊综合风险评价

本章将对洪湖中沉积物重金属展开环境监测与风险评估。湖泊沉积物记录了重金属的环境行为及污染历史，对湖泊管理具有重要意义。而重金属在这种饱和固液体系中的环境行为，最明显的表征就是重金属具有多种化学形态，即不同浸提液对沉积物固相中重金属的浸提效率。已有湖泊沉积物的重金属风险评价研究中，往往以总量评价与管理为主，忽视了形态因素，实际上形态对该体系中重金属的迁移具有重要的指示意义。洪湖是长江流域的重要水体，具有重要的生态功能价值与农渔资源价值。该湖泊的沉积物重金属调查研究仍以总量为主，缺乏形态的数据。因此，本章将从总量控制与形态调控两个角度出发，采取模糊综合评价方法，耦合传统不同角度的沉积物重金属评价模型，综合评价洪湖沉积物中重金属的风险，从而筛选出沉积物的优先控制元素和区域，为湖泊重金属风险管理提供支持。

第一节　沉积物中重金属的评价方法

水体沉积物是水环境的重要成分之一，水体沉积物中含有大量营养物，也富集了众多水体中的污染物。例如沉积物中重金属，可以与沉积物中不同组分的颗粒物相结合，从而导致沉积物对重金属的富集作用较水体更大（Szefer et al.，1995）。对沉积物中重金属污染进行研究，可揭示流域的环境质量、环境变化情况及人类活动的影响（Mortimer et al.，2000）。最开始，环境评价缺少必要的数学模型，评价结果并不客观。20 世纪 60 年代，单因子指数法作为最早的数学方法应用于环境评价。70 年代，基于重金属总含量的污染程度评价模型开始大量出现（Angulo，1996）。常用的方法主要有富集系数法、地累积指数法、潜在生态风险指数法等。80 年代后，不确定性理论逐渐发展，以现代数学理论为基础的模糊数学被广泛运用于环境评价，如模糊评价法、灰色聚类法等。同时，针对沉积物中不同污染物（尤其是重金属）对不同生物的作用，更加详细的适用领域有针对性的模型及其改进模型被设计并使用。下面对几种常用研究方法进行介绍。

一、总量评价方法

（一）单因子指数法

单因子指数法是近代最先发展起来的环境评价方法，计算公式为

$$P_a = \frac{C_a}{S_a} \tag{4.1}$$

式中：P_a 为污染物 a 的污染指数；C_a 为污染物 a 的浓度；S_a 为污染物 a 的评价标准值。

单因子指数法计算简单、结果直观，可体现各污染物相对评价标准的污染程度。但其结果较保守（尹海龙 等，2008），且难以得出综合污染情况，仅适用于单一污染物对环境质量影响大的区域。

单因子指数法存在较大局限性，因此基于多项评价指标的综合污染指数法逐渐被提出。这些方法一般会综合单因子指数的结果进行不同数学方法的处理，得到一个总体的评价结果。代表性的综合污染指数法有简单综合污染指数法、内梅罗污染指数法。简单综合污染指数法是对各项评价指标的单因子指数法结果进行相加求和并计算其算术平均值，此方法无法识别不同污染物本身的差异。

（二）内梅罗污染指数法

内梅罗污染指数法是由美国科学家 Nemerow 于 1974 年提出的，是一种可突出极大值的计算权重型多因子环境评价指数模型。计算公式为

$$P = \sqrt{\frac{P_{\max}^2 + P_{\text{mean}}^2}{2}} \tag{4.2}$$

$$P_{\max} = \max\left(\frac{C_a}{S_a}\right) \tag{4.3}$$

$$P_{\text{mean}} = \frac{1}{n}\sum_{a=1}^{n}\frac{C_a}{S_a} \tag{4.4}$$

式中：$P_{\max}$ 为 P_a 的最大值；P_{mean} 为 P_a 的平均值；n 为评价污染因子个数。

内梅罗污染指数法可直观地反映沉积物总体污染程度，但不能显示污染类别与主要污染物，多用于有多种污染源且无须判断主要污染物的环境质量评价。但内梅罗污染指数法存在对个别高浓度污染因子过于突出，从

而忽略其余污染因子的缺陷（罗芳 等，2016；徐彬 等，2014）。故在实际工作中，许多研究者将内梅罗污染指数法加以改进，引入各污染因子在评价中所占权重，如将改进内梅罗污染指数法评价棕地周边土壤重金属污染或湿地水质等（孙华 等，2018；曹龙 等，2017）。

（三）地累积指数法

地累积指数法是由Müller于1969年提出的沉积物中重金属评价方法。该方法可同时反映背景值中沉积成岩作用的影响与人类活动影响（陈翠华 等，2008）。地累积指数可较好地识别人为活动对环境的污染程度，计算公式为

$$I_{\mathrm{geo}}=\log_2\frac{C_n}{KB_n} \tag{4.5}$$

式中：I_{geo}为地累积指数；C_n为元素n实测含量；B_n为元素n参照值（一般为当地背景值）；K为岩石成因效应系数，通常取1.5。地累积指数表示的重金属污染程度等级见表4.1。

表4.1　地累积指数表示的重金属污染程度等级

项目	I_{geo}						
	≤0	0～1	1～2	2～3	3～4	4～5	≥5
程度	无	轻度	偏中	中度	偏重	重度	极重

地累积指数法方法成熟，在土壤与沉积物评价中运用广泛，但不能识别不同重金属对环境的影响差异，不能对不同金属造成的污染进行横向比较。而由Kemp在1979年提出的富集系数法能够比较重金属相对富集程度。富集系数计算公式为

$$K_{\mathrm{sef}}=\frac{E_{\mathrm{s}}/\mathrm{AI_S}}{E_a/\mathrm{AI}_a} \tag{4.6}$$

式中：E_{s}为沉积物中重金属含量；$\mathrm{AI_S}$为沉积物中参比元素含量；E_a为未受污染沉积物中重金属含量；AI_a为未受污染沉积物中参比元素的含量。富集系数法以研究区域的清洁对照区参比元素实际值作参比，可矫正区域条件差异对评价结果的影响，适用横向比较不同区域的沉积物污染程度（霍文毅 等，1997）。但该法需额外测定参比元素的含量，有较高的实验要求。

（四）潜在生态风险指数法

潜在生态风险指数法由瑞典科学家Hakanson于1980年提出，是结合

重金属的性质与污染程度的评价法。计算公式为

$$C_{\mathrm{f}}^{i}=\frac{C^{i}}{C_{\mathrm{n}}^{i}} \tag{4.7}$$

$$E_{\mathrm{f}}^{i}=T_{\mathrm{f}}^{i}C_{\mathrm{f}}^{i} \tag{4.8}$$

$$\mathrm{PER}=\sum_{i=1}^{N}E_{\mathrm{f}}^{i} \tag{4.9}$$

式中：C^{i} 为某种重金属元素的浓度测量值；C_{n}^{i}为该元素的当地背景值；C_{f}^{i}为该元素污染因子；E_{f}^{i} 为单个元素潜在生态风险指数；T_{f}^{i} 为每种元素的毒性反应因子；PER 为综合潜在生态风险指数。6 种重金属元素的毒性反应因子见表 4.2（成刚 等，2000），计算值风险程度区间如表 4.3 所示。

表 4.2　6 种重金属元素毒性反应因子

项目	重金属					
	As	Hg	Cu	Ni	Pb	Cd
毒性因子	10	40	5	5	5	30

表 4.3　计算值风险程度区间

E_{f}^{i}数值范围	污染程度	PER 数值范围	污染程度
$E_{\mathrm{f}}^{i}<40$	轻微	PER<150	轻微
$40\leqslant E_{\mathrm{f}}^{i}<80$	中等	1 501≤PER<300	中等
$80\leqslant E_{\mathrm{f}}^{i}<160$	强	300≤PER<600	强
$160\leqslant E_{\mathrm{f}}^{i}<320$	很强	PER≥600	很强
$E_{\mathrm{f}}^{i}\geqslant 320$	极强		

潜在生态风险指数法从环境毒理学与生态效应的角度出发，能较好地判断有害性不同的各种重金属积累状况，并做出综合性分析，简单地判断污染物来源，常用于农业用地污染、湖泊沉积物与城镇土壤评价。Maanan 等（2018）将该方法用于评估尼日利亚拉各斯潟湖周边地区重金属污染状况，识别出了潟湖周边的工业污染源及其影响大小与范围。王芳婷等（2020）将潜在生态风险指数法用于评价珠江三角洲海陆交互相沉积物，得出了人工填土层和海相沉积物土壤存在较高潜在生态风险。潜在生态风险指数法仅考虑各重金属的生物毒性差异，未考虑重金属不同形态的差异，还可改进风险程度区间与重金属种类。加入考虑形态的潜在生态风险指数法被用于评价霞湾港底泥（Zhu et al.，2012）。改进风险程度区间并增加多氯联苯

（polychlorinated biphenyls，PCBs）的潜在生态风险指数法被用于评价东营海湾沉积物（Liu et al.，2018）。

二、形态评价方法

沉积物中重金属元素具有多种形态，常用 BCR 法进行四步法连续提取，定义 4 种形态分别为强生物可及性的弱酸溶解态（F1）、可还原态（F2）、有机结合态（F3）、残渣态（F4）。F1～F3 含量高时说明该重金属元素易释放至水中，发生迁移转化概率高，F4 稳定性强且不易迁移转化，对环境影响较小。

风险评价编码（risk assessment code，RAC）为可迁出重金属组分占总量的比值，可用于评估沉积物中重金属的生物可利用性（Ke et al.，2017）。而弱酸溶解态（F1）易与水体发生物质交换，以其作为可迁出重金属的量化指标。具体计算公式为

$$\mathrm{RAC}_i = C_{\mathrm{F1}}^i / C_{\mathrm{A}}^i \tag{4.10}$$

式中：RAC_i 为沉积物中重金属 i 的评价结果；C_{F1}^i 为重金属 i 弱酸溶解态（F1）的质量分数，mg/kg；C_{A}^i 为重金属 i 的质量分数，mg/kg。其定量评价准则如表 4.4 所示。也有研究者通过不同的形态比例的定义来评价重金属污染，例如对非残渣态与残渣态的比例进行简单评价（Singh et al.，2005；陈静生，1987），但是这些评价方法往往因为缺乏总量信息，而不能够单独说明污染的水平。

表 4.4　RAC 风险等级定量评价准则

风险等级	RAC_i/%	风险程度
I	＜1	无
II	1～10	低
III	10～30	中
IV	30～50	高

三、模糊综合评价

模糊综合评价（fuzzy comprehensive evaluation，FCE）法是由 1965 年美国学者 Zadeh 首先提出的模糊集理论演变而来。模糊综合评价法评价社科类问题较多，如今也被应用到环境领域。模糊综合评价法的结果是一个综合评价集。计算过程包括：①建立评价因子集与判断标准集；②计算权重确定因子权向量；③确定隶属度向量，建立模糊关系矩阵；④计算综合

模糊评价结果（李磊 等，2014）。具体计算方法将单独在本章第三节进行详细介绍。模糊综合评价法运用广泛，计算灵活，不同水体、土壤、沉积物与不同指标体系均可评价。因环境中存在一些具有模糊性的因素，模糊综合评价法得出的结论通常较其他评价方法更符合实际。如我国学者运用模糊综合评价法评价洮河（杨浩 等，2016）、长江口海域表层沉积物（李磊 等，2014）、新疆绿洲棉田土（郑琦 等，2019）等。模糊综合评价法同样存在缺陷，在权重计算、隶属度计算等方面都存在一定问题。不同研究的指标选择主观性较强，确定权重时比较片面，容易受到单一指标的影响（张金婷 等，2016），而综合评价原则的选取易导致数据丢失（杨静，2014）。有些学者通过改进模糊综合评价方法本身的算法公式（张倩 等，2019；樊梦佳 等，2011），或者结合层次分析法、主成分分析法、回归分析法（Chen et al.，2020；朱引弟 等，2013；Han et al.，2013）等相关数理统计方法进行补充讨论，来完善模糊评价过程，使之更加客观科学。

四、模型比较

对上述方法进行横向比较。单因子指数法和综合污染指数法适用于所有环境评价，计算简单，但针对性差，结果较真实情况差异明显。富集系数法和地累积指数法都是基于一定的迁移转化规律进行的评价。富集系数法可面向不同区域的沉积物重金属，但所需数据多，会增加实验量。地累积指数法计算简单，但不能对不同重金属造成的污染进行横向比较，只能评价单一地区，且不考虑各种重金属对环境影响的差异。风险评价编码法从重金属形态分布的角度评价污染程度，除污染水平评价外，还能初步分析重金属固化程度从而推断其来源，但源解析仅适用于小区域范围内的同源沉积物，且因为做商，丢失了总量信息。潜在生态风险指数法是基于 6 种重金属的生物毒性进行的有针对性的评价模型，能较好地判断有害性不同的各种重金属累积状况，并做出综合性分析。但模型建立者最初的毒性参数定义为水中重金属的量与沉积物总量的比值，这个定义未考虑不同形态重金属的差异，且总风险程度区间有待改进。模糊综合评价法利用了环境的不确定性因素，且将评价结果用矩阵表示，运用广泛，计算灵活，不同水体、土壤、沉积物与不同指标体系均可评价，且结果准确率较高。但模糊综合评价法计算时主观性较强，确定权重时容易受到最大污染指标的影响。且新的环境标准分类日渐增加，层次也增加，导致判断标准矩阵的建立难度上升。模糊综合评价法使用时往往会结合其他数学方法。本节介绍的评价方法各自的优缺点和适用范围见表 4.5。

表 4.5 评价方法的优缺点和适用范围

项目	单因子指数法	综合污染指数法	富集系数法	地累积指数法	风险评价编码法	潜在生态风险指数法	模糊综合评价法
适用范围	超标倍数	综合多重金属的超标倍数	相对常量元素的富集倍数	相对背景值的富集倍数	形态占比	基于生态毒性的多种金属综合分析	考虑了环境的不确定性因素，综合评价各管理目标
优点	计算简单，反应单个污染物水平	计算简单，可反应总体水平	考虑地区元素本底差异	量化人类活动的影响	考虑了形态	多元素累计生态毒性	运用广泛，计算灵活，实现多目标多角度管理
缺点	针对性差，受单一元素影响大		加测指标	各个金属无横向比较	丢失总量数据	风险原始定义中简化了固液平衡，且累计风险阈值有待改进	计算时主观性较强，易受各种因素影响

第二节 重金属空间分布、形态与总量预评价

一、样品收集与测定

根据系统布点的要求，预设 16 个沉积物采样点。在实际采样过程中，由于可达性问题，如围网养鱼，需进行相应的调整，最终实际采样点空间分布如图 4.1 所示。用 Beeker 型沉积物原状采样器，收集 0～10 cm 的表层沉积物作为样品，采样工作在 2016 年 9 月完成。将沉积物平铺在聚乙烯薄膜上，避免阳光直射，自然风干。风干后，除去动植物残体和砾石，过 100 目筛，筛上部分研磨直至过筛。按照《土壤检测 第 2 部分：土壤 pH 的测定》（NY/T 1121.2—2006）规定的 pH 计（Mettler-Toledo FE20，瑞士）直读法，在固液比 2∶5 的前提下，进行 pH 的测定，连续三次 pH 读数偏差对于中性和酸性沉积物小于 0.1pH，对于碱性沉积物小于 0.2pH。沉积物的机械组成采用分散剂密度计法，按照《土壤检测 第 3 部分：土壤机械组成的测定》（NY/T 1121.3—2006）操作，采用鲍氏比重计（甲种）进行不同分散剂下沉积物胶体粒子的沉降实验。有机质参照《土壤农化分析》（南京农业大学，1986）采用铬法测定，用重铬酸钾可氧化的还原当量表征有机质的相对浓度。

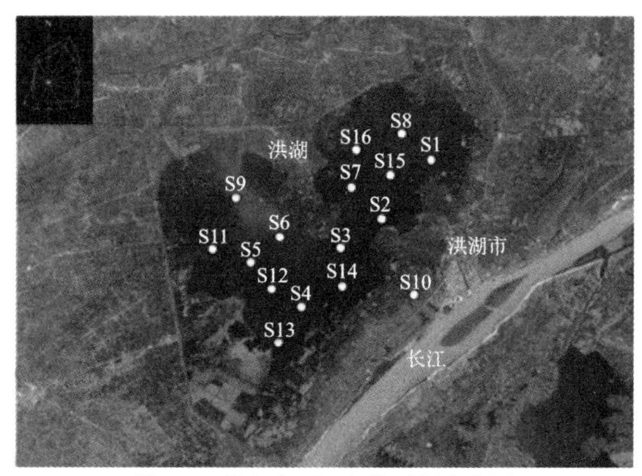

图 4.1　洪湖表层沉积物采样布点图

沉积物中 Cr、Cu、Pb、Zn 和 Cd 重金属总量采用湿法消解，再用原子吸收光谱法测定。表层沉积物样品前处理过程（图 4.2）为：沉积物在室内遮光风干，碾碎并过 100 目的尼龙筛；然后称取（Mettler Toledo-EL204 分析天平，中国）0.25 g 记录质量，置于消解罐中；滴加纯水润湿后，加入 10 mL 的 HCl，90 ℃下煮沸到近干，追加 HNO_3、HF、$HClO_4$ 分别 5 mL、5 mL 和 3 mL，升温 160 ℃下消解至透明；若消解不完全，则适当加入 HNO_3、HF、$HClO_4$ 的混合溶液再进行消解；冷却至室温后用 2%稀 HNO_3 定容至 50 mL，过 0.45 μm 滤膜后放入 4 ℃冰箱保存待测。测量方法同第三章水样测量方法，每批样品中加入国家一级标准物质（GBW07423）进行质量控制。

重金属形态连续提取采用改进的 BCR 连续提取法，具体步骤（Mossop et al.，2003）为：①弱酸溶解态（F1），准确称取 1 g 沉积物样品置于离心管中，加入 40 mL 的 0.11 mol/L 乙酸溶液，在 25 ℃下振荡 16 h，以 4 000 r/min 离心分离，取其上清液作为待测液，残渣留作下一步分级提取物；②可还原态（F2），加入 0.1 mol/L，$NH_2OH·HCl$ 40 mL（pH＝2），振荡离心分析同步骤①；③有机物结合态（F3），在步骤②的残渣中，用 20 mL 8.8 mol/L 的 H_2O_2，水浴 85 ℃消化 1 h，冷却至室温后加入 25 mL 1 mol/L NH_4OAc（pH=2），振荡离心分析同步骤①；④残渣态（F4），残渣态的消解和检测步骤同重金属总量测定。

此外，常用的重金属形态提取办法还有单独提取法与 Tessier 五步连续提取法。单独提取法适用于提取某种重金属含量高的沉积物，与本节样品的情况不符。Tessier 五步连续提取法存在提取步骤多、耗时长及提取过程中重金属形态之间易交叉等不足，因此不适用于本节实验。

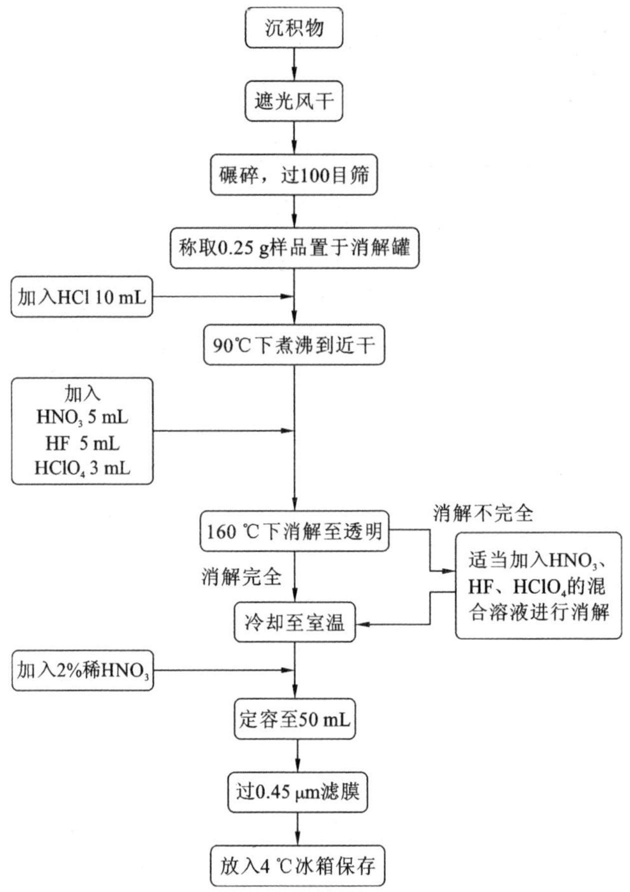

图 4.2　表层沉积物样品前处理过程

二、沉积物重金属与理化性质

已有研究表明，固液反应体系中，沉积物的粒径越小，越有利于重金属的吸附（张智慧 等，2015；Duong et al.，2009）。洪湖沉积物的粒径分布见图 4.3。由图可知，除 S2 和 S10 外，其余采样点沉积物颗粒组成在三角形坐标图中比较集中，三种颗粒占比分别为：砂粒 0.46%～6.27%；粉砂粒 39.49%～49.94%；黏粒 44.19%～59.64%。

沉积物 pH 是重金属各项行为的重要驱动因素（王钦 等，2008），例如 pH 较高，往往有利于金属阳离子的吸附和沉淀（Ma et al.，2016）。洪湖沉积物 pH 如表 4.6 所示，变化范围不大，从 6.81（S12）到 7.30（S2），变异系数为 1.49%，pH 平均值为 7.07，呈中性，属于较稳定的状态。

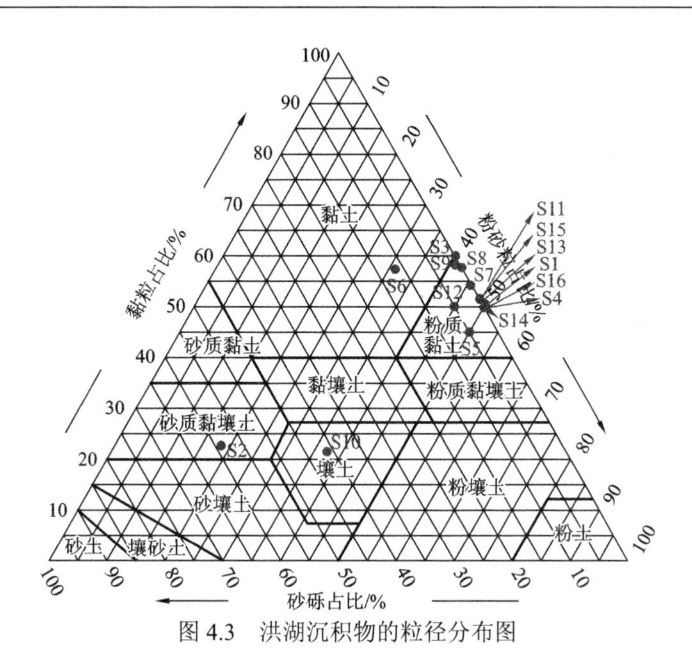

图 4.3 洪湖沉积物的粒径分布图

表 4.6 洪湖表层沉积物 pH

项目	S1	S2	S3	S4	S5	S6	S7	S8
pH	7.08	7.30	7.21	7.15	7.08	7.10	7.07	7.00
项目	S9	S10	S11	S12	S13	S14	S15	S16
pH	7.03	7.07	7.07	6.81	7.00	7.04	7.10	7.00

沉积物有机质主要为生物残留物降解形成的腐殖酸类物质，对重金属具有较强的表面吸附、络合、耦合能力，从而对重金属的溶解性、迁移性转化行为和生物可利用性等有着重要的影响（Dunn et al.，2008）。洪湖沉积物有机质（sedimentary organic matter，SOM）的含量描述性统计如表 4.7 所示，平均质量分数为（7.41±2.40）g/kg，沉积物有机质的含量递减顺序为 S5＞S12＞S4＞S8＞S1＞S2＞S9＞S16＞S10＞S11＞S7＞S13＞S6＞S14＞S15＞S3。

表 4.7 洪湖表层沉积物有机质含量 （单位：g/kg）

项目	S1	S2	S3	S4	S5	S6	S7	S8
SOM 质量分数	7.44	7.21	5.28	9.07	12.91	5.59	6.08	9.04
项目	S9	S10	S11	S12	S13	S14	S15	S16
SOM 质量分数	7.03	6.42	6.14	12.71	5.78	5.52	5.44	6.93

洪湖表层沉积物中重金属含量如图 4.4 所示。可以看出，5 种重金属变化范围都不大，变异系数都在 15%左右，说明布点较为合理，满足评价要求。各个重金属平均质量分数以 Zn>Cr>Cu>Pb>Cd 顺序递减，分别为（113.79±16.38）mg/kg、（76.36±14.16）mg/kg、（36.41±6.89）mg/kg、（25.29±2.90）mg/kg、（0.43±0.06）mg/kg。元素含量顺序基本与湖北省背景值表现出的自然丰度顺序一致，但是平均值超背景值情况不同，仅 Cd、Zn 和 Cu 的平均值超过了湖北省背景值。其中，Cd 的平均质量分数是背景值的 2.5 倍，Zn 的平均质量分数是背景值的 1.36 倍，Cu 最低，其均值是背景值的 1.19 倍。

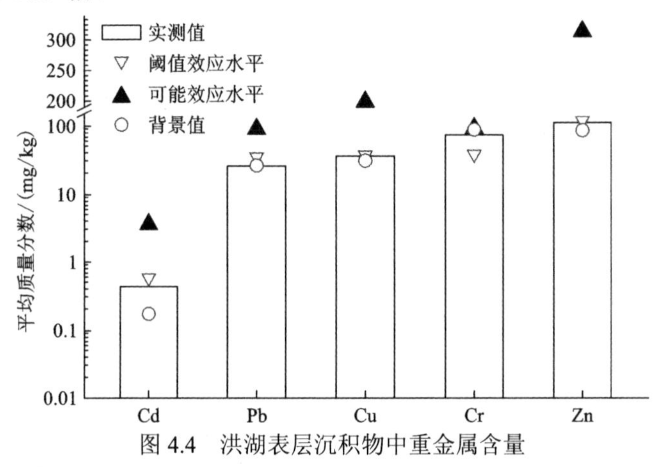

图 4.4　洪湖表层沉积物中重金属含量

为进一步表征重金属含量的空间异质性，借助 ArcGIS 软件用反距离权重插值法进行插值分析，结果如图 4.5 所示。需要特别说明的是，沉积物的研究区域与地表水略有不同，因为部分靠近湖泊边缘的水体较为封闭，所以未对封闭区域进行沉积物重金属污染空间分析，封闭区域主要集中于西面瞿家湾附近及东北角和东南角少量水域。洪湖为斜“8”字形，本节把洪湖分为北洪湖（S1、S2、S7、S8、S15 和 S16），南洪湖（S3、S4、S5、S6、S9、S11、S12、S13 和 S14）和出口（S10）。

如图 4.5（a）所示，Cr 含量均值附近的区段主要分布于南洪湖。而在北洪湖，除东北近岸区沉积物 Cr 含量有相当水平外，其他地区沉积物 Cr 含量均处于较低水平。Cu 含量的空间分布如图 4.5（b）所示，Cu 含量的空间分布南北差异明显，南洪湖沉积物 Cu 含量居高，而北洪湖沉积物 Cu 含量位于均值以下。东北角的峰值区域与 Cr 峰值区域重合。Pb 平均质量分数最低值和最高值分别为 18.88 mg/kg（S2，北洪湖）和 29.20 mg/kg（S11，南洪湖），空间分布如图 4.5（c）所示。大约有 37.5%面积的 Pb 质量分数

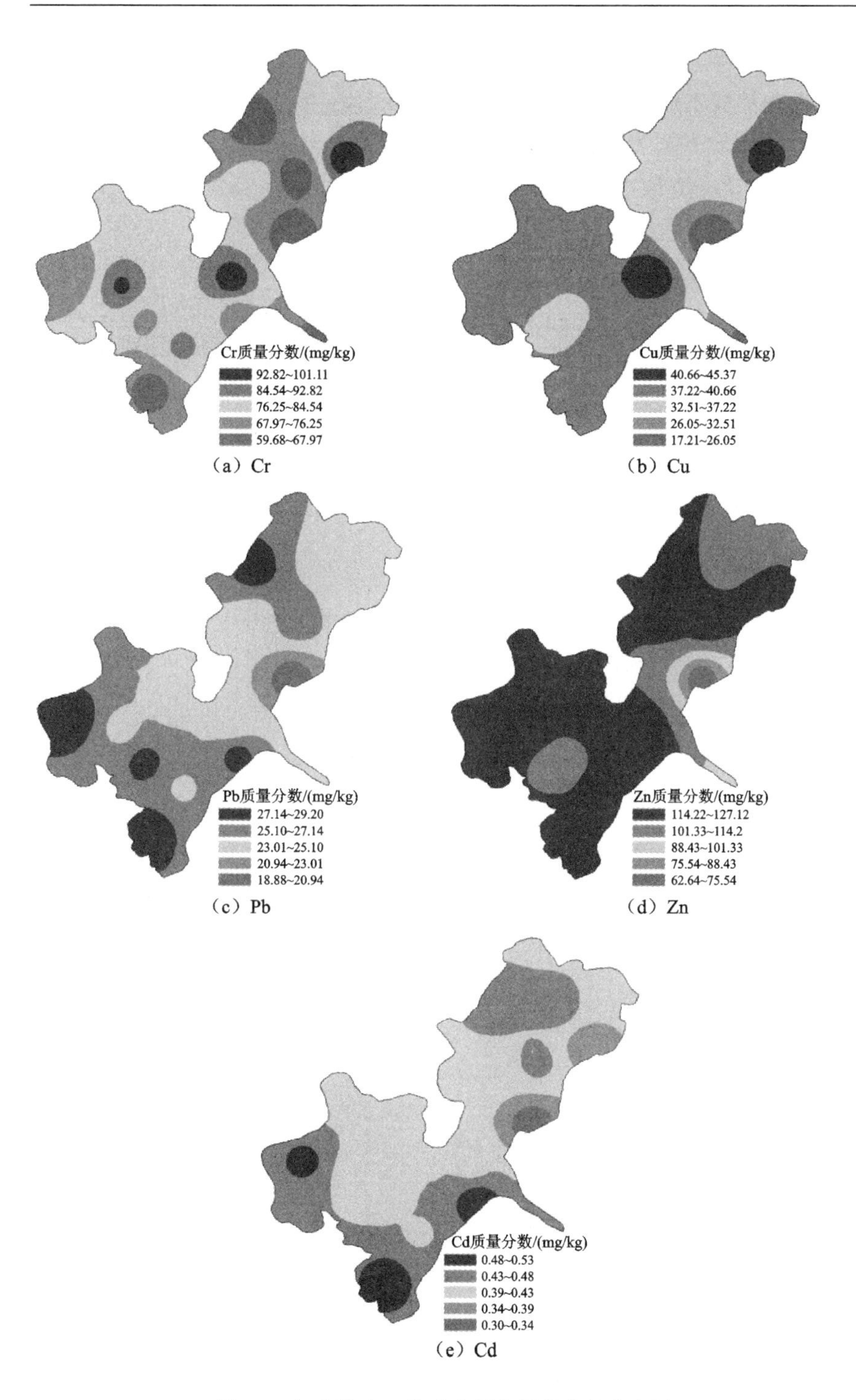

图 4.5　沉积物中 5 种重金属含量的空间分布图

超出了背景值（30.7 mg/kg）。高值区表现出一定的近岸特征，即南洪湖和北洪湖的西岸的富集程度要高于洪湖其他地区。Zn 的结果如图 4.5（d）所示，Zn 含量实际上仅存在一个异常的最低点，其余点都集中在 Zn 含量较高的区域。如图 4.5（e）所示，Cd 的空间分布与 Pb 相似，高值点存在一定的近岸特征。西北岸、南岸及其出口沉积物中 Cd 含量要高于洪湖其他区域。

三、重金属形态特征

如图 4.6 所示，总体而言，弱酸溶解态易于被稀的有机酸提取，表征了容易被植物有机酸浸提出的量。5 种重金属的弱酸溶解态占总量的比值依次为 Cd>Cu>Zn>Pb>Cr，说明 5 种重金属可利用程度不同。另外，如果考虑小分子有机物的络合作用和螯合作用，将弱酸溶解态、可还原态和有机结合态的累计百分比作为潜在的可利用总组分占比，则从大到小依次为 Pb>Cu>Cd>Zn>Cr。

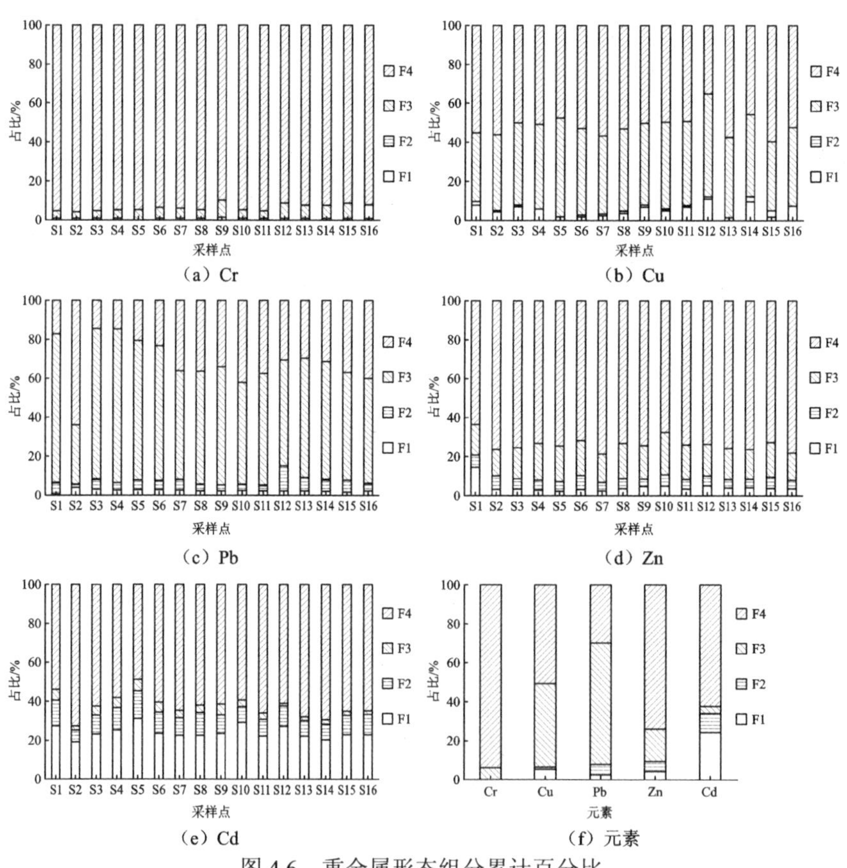

图 4.6 重金属形态组分累计百分比

F1 为弱酸溶解态；F2 为可还原态；F3 为有机结合态；F4 为残渣态

图 4.6（a）为各采样点 Cr 的连续化学提取结果，89.92%～96.29%的组分为残渣态，生物可利用性极低。由图 4.6（b）可知，残渣态和有机结合态是 Cu 的主要组分，占比的范围（均值）分别为 35.19%～52.30%（42.28%）和 35.47%～59.33%（51.38%）。而弱酸溶解态、可还原态仅有 0.34%～11.34%（5.44%）、0～3.37%（0.91%）。说明 Cu 主要被固态有机物螯合在大分子有机结构中或者存在于岩石晶格结构中，水溶性小分子无机 Cu 与有机 Cu 较少。与 Cu 相似，沉积物中 Pb 也主要以有机结合态和残渣态形式存在[图 4.6（c）]，占比的范围（均值）分别为 31.78%～80.53%（62.18%）和 15.06%～65.99%（29.93%）。弱酸溶解态和可还原态占比只有 0.61%～3.71%（2.52%）和 2.22%～12.23%（5.37%）。S2 占位数值异常，该点的有机结合态含量远低于其他点位，以残渣态为主，其砂粒较多，可能砂粒中晶格结构是该点主要的 Pb 组分。由图 4.6（d）可知，洪湖沉积物中 Zn 主要以残渣态的形式存在，总体占比为残渣态＞有机结合态＞可还原态＞弱酸溶解态。由图 4.6（e）可知，Cd 也主要以残渣态形式存在，其占比为 48.89%～72.55%（62.50%），但相对于其他重金属而言，Cd 中弱酸溶解态的占比较高，为 19.41%～31.47%（24.35%）。

总体而言，洪湖沉积物中重金属以残渣态为主，湖泊总体污染情况低。5 种元素可还原态占比均较低，湖泊污染物中高价态化合物少，氧化性低，重金属状态稳定。Cu 与 Pb 有机结合态占比较高，存在形式多为岩石或沙砾晶格结构中的大分子。说明 Cu、Pb 含量与该地土壤背景值有关。沉积物中 Cd 弱酸溶解态与可还原态占比均最高。说明相比于其他元素，含 Cd 的污染物排放更多。洪湖周边重工业企业少，因此 Cd 排放多来自农药等典型农村面源污染物。与其他位于城市、工业区的湖泊相比，通过分析重金属形态特征发现，洪湖作为典型位于农村地区的大型湖泊，工业、汽车尾气等源排放的污染明显较少，但需重点关注农业面源污染问题。

四、重金属污染风险初步评价

如图 4.4 所示，沉积物质量基准（SQGs）为每个重金属划定了阈值效应水平（threshold effect level，TEL）和可能影响水平（probable effect level，PEL）。当浓度 $C<TEL$，基本可以忽略重金属的不良生物毒性效应。当 $C>PEL$，显著的不良生物毒性效应不容忽略。SQGs 的结果表明，以 TEL 为限值，5 种重金属的不利影响大小为 Cr＞Cu＞Zn＞Pb＞Cd。具体来看，所有采样点沉积物的 Cr 含量均高于 TEL，而只有 S1 和 S3 采样点沉积物的 Cr 含量要高于 PEL。所有采样点沉积物的 Cu 含量都低于 PEL，S2、S10、

S12 和 S16 采样点沉积物的 Cu 含量更是低于 TEL。除了 S9、S14 和 S15 之外，区域内其他采样点沉积物的 Zn 含量均小于 TEL。所有采样点 Pb 和 Cd 含量都低于其元素的 TEL。

各采样点地累积指数如图 4.7 所示，I_{geoCr}、I_{geoCu}、I_{geoPb} 和 I_{geoZn} 都小于 0，表明沉积物中重金属的富集，相对于背景值 1.5 倍的自然波动，富集程度较低。Cd 为主要污染因子，地累积指数为 0.24～1.04，平均值为 0.77，处于轻度到中度污染，其中 S13 和 S14 位点风险较大。从潜在生态风险指数（E_f）评价结果（图 4.8）来看，研究区域内沉积物中重金属的潜在生态风险大小依次为 Cd>Cu>Pb>Cr>Zn。其中，Cd 的生态风险等级比其他金属要高 1～2 等级，为 52.65（S2）～91.66（S14），平均值为 75.75，区域

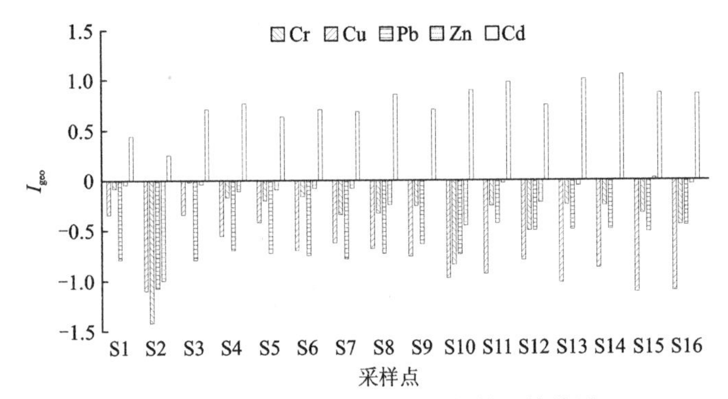

图 4.7 沉积物重金属地累积指数评价结果

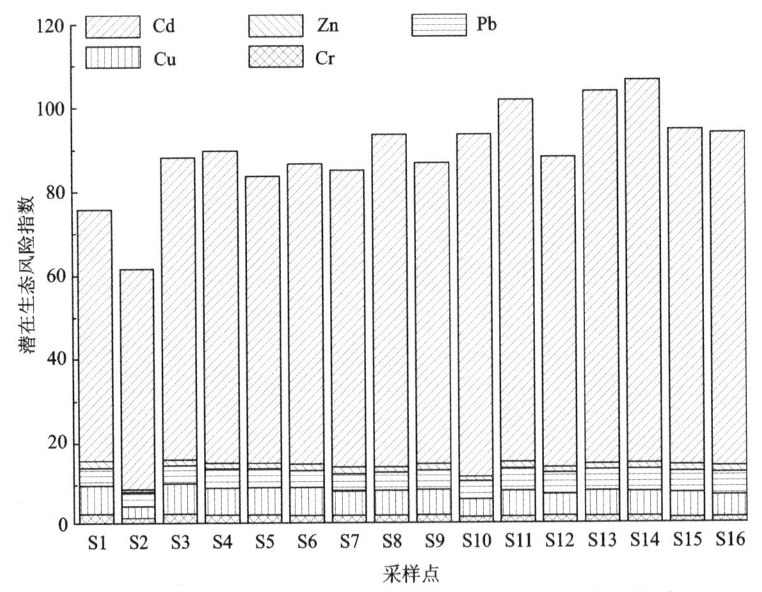

图 4.8 洪湖表层沉积物中重金属的潜在生态风险指数评价结果

内 Cd 处于中等生态风险等级，各个采样点累计生态风险除 S1 和 S2 异常低之外，其他位点生态风险基本恒定，风险值在 80～100，因此 Cd 是优先控制污染因子。

风险评价编码法相比于上述方法，考虑了重金属形态，实为弱酸溶解态占比的等级评价，结果如图 4.9 所示。总的来说，5 种重金属的生态风险指数依次为 Cd>Cu>Zn>Pb>Cr。Cr 的 RAC 为 0.15%（S10）～1.43%（S9），平均值是 0.44%，小于 1%，可以判定为无风险。RAC_{Cu} 的结果说明，除了 S13 采样点处 Cu 无风险，其他采样点处沉积物中 Cu 都具有低风险。而 Pb 的风险评价编码表现出集中分布特征，除了 S1 采样点处 RAC_{Pb} 取最小值 0.61%，为无风险，其余各点结果集中在 2%～4%。各点 RAC_{Zn} 为 2.00%（S7）～14.31%（S1），S1 处 RAC_{Zn} 高于区域内其他采样点，达到中风险。Cd 的 RAC 要远远高于其他几种重金属，RAC_{Cd} 为 19.41%（S2）～31.47%（S5），平均值为 24.35%。除 S5 达到高风险外，其他位点处于中风险。

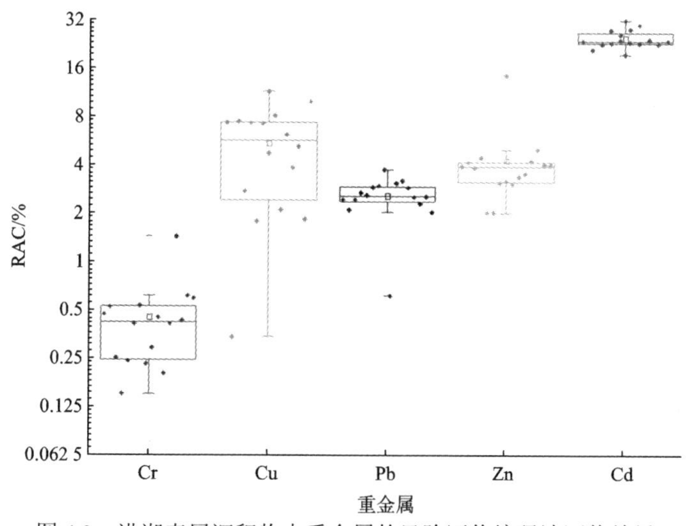

图 4.9　洪湖表层沉积物中重金属的风险评价编码法评价结果

第三节　沉积物中重金属的模糊综合评价模型构建

前文采用不同的方法对洪湖沉积物中重金属进行了评价。不同评价方法结果存在显著的差异，单从重金属评价结果大小排序来看：①沉积物质量基准（SQGs），Cr>Cu>Zn>Pb>Cd；②生态风险指数（E_f），Cd>Cu>Pb>Cr>Zn；③风险评价编码（RAC），Cd>Cu>Zn>Pb>Cr。这主要是方法的侧重点不同，从而导致上述三种方法评价结果分别表现出总量浓度主导、化学形态主导及毒性系数主导。另外，在环境评价系统中也存在一定的复杂性和模糊性。所以，本节基于模糊集理论，综合考虑总量、形态、毒性，耦合潜在生态风险指数法和风险评价编码法，构建综合评价模型（Linstone et al.，1976）。

综合风险的定义为

$$\text{Risk}=f(\text{Risk}_A, \text{Risk}_B) \tag{4.11}$$

式中：Risk 为模糊综合风险，采用两种不同的传统风险评价模型（Risk_A 和 Risk_B）来联合表征。本节用潜在生态风险来表征总量风险 Risk_A；而用风险评价编码（RAC）来表征沉积物中重金属的生物可利用性。

基于式（4.11），借助模糊语言识别理论将表 4.3 潜在生态风险和表 4.4 中 RAC 的等级通过下式导入模糊风险的计算模型中。

$$\text{Risk}=\tilde{C}\cdot\tilde{\boldsymbol{R}}=(C_1, C_2)\begin{pmatrix} A_1 & A_2 & A_3 & A_4 & A_5 \\ B_1 & B_2 & B_3 & B_4 & B_5 \end{pmatrix} \tag{4.12}$$

式中：Risk 为模糊综合风险由 $\tilde{C}\cdot\tilde{\boldsymbol{R}}$ 表征；C 为 Risk_A 和 Risk_B 的权重，由专家打分，C_1 和 C_2 分别为 0.3 和 0.7。$\tilde{\boldsymbol{R}}$ 为 A 和 B 两种风险等级下的评价结果隶属度组成的矩阵。参见表 4.3 和表 4.4，按照下式计算 A 和 B 两类风险在不同等级下的隶属度（Liu et al.，2018；Zhang et al.，2013）。

（一）Risk_A 的隶属度函数

$$A_1(r)=\begin{cases} 1, & r\in[0, 40) \\ (80-r)/40, & r\in[40, 80) \\ 0, & r\in[80, +\infty) \end{cases}$$

$$A_2(r)=\begin{cases} 0, & r\in[0, 40)\cup[160, +\infty) \\ (r-40)/40, & r\in[40, 80) \\ (160-r)/80, & r\in[80, 160) \end{cases}$$

$$A_3(r)=\begin{cases} 0, & r\in[0,80)\cup[320, +\infty) \\ (r-80)/40, & r\in[80, 160) \\ (320-r)/160, & r\in[160, 320) \end{cases} \tag{4.13}$$

$$A_4(r)=\begin{cases} 0, & r\in[0, 160) \\ (r-160)/160, & r\in[169, 320) \\ 0, & r\in[320, +\infty) \end{cases}$$

$$A_5(r)=\begin{cases} 0, & r\in[0, 40) \\ 1, & r\in[320, +\infty) \end{cases}$$

式中：$A_1(r)$、$A_2(r)$、$A_3(r)$、$A_4(r)$和 $A_5(r)$分别为 $Risk_A$5 个等级的隶属度函数；r 为潜在生态风险的计算值。

（二）$Risk_B$ 的隶属度函数

$$
B_1(r')=\begin{cases}1, & r'\in[0,1)\\(10-r')/9, & r'\in[1,10)\\0, & r'\in[10,+\infty)\end{cases}
$$

$$
B_2(r')=\begin{cases}0, & r'\in[0,1)\cup[30,+\infty)\\(r'-1)/9, & r'\in[1,10)\\(30-r')/20, & r'\in[10,30)\end{cases}
$$

$$
B_3(r')=\begin{cases}0, & r'\in[0,10)\cup[50,+\infty)\\(r'-10)/20, & r'\in[10,30)\\(50-r')/20, & r'\in[30,50)\end{cases} \quad (4.14)
$$

$$
B_4(r')=\begin{cases}0, & r'\in[0,30)\\(r'-30)/20, & r'\in[30,50)\\0, & r'\in[50,+\infty)\end{cases}
$$

$$
B_5(r')=\begin{cases}0, & r'\in[0,50)\\(r'-50)/50, & r'\in[50,100]\end{cases}
$$

式中：$B_1(r')$、$B_2(r')$、$B_3(r')$、$B_4(r')$和 $B_5(r')$分别为 $Risk_B$ 5 个等级的隶属度函数；r'为 RAC 的计算值。

综合上述计算步骤，模糊综合风险 Risk 为一个由 5 个元素组成的行向量，每个元素代表该级别下的隶属度。通过综合考虑潜在生态风险和 RAC 的等级，最终 Risk 等级为：等级 I，低风险；等级 II，低-中风险；等级 III，中风险；等级 IV，高风险；等级 V，极高风险。

第四节　模糊综合风险评价结果

一、整体模糊综合评价结果

采用洪湖沉积物重金属平均质量分数进行上述综合风险评价时，反映的是洪湖沉积物整体风险水平。$Risk_A$ 和 $Risk_B$ 模糊隶属度矩阵如表 4.8 所示。将各个金属均值风险评价结果写成模糊综合风险矩阵的形式：

$$\begin{cases} \tilde{\boldsymbol{R}}_{\mathrm{Cr}} = \begin{pmatrix} 1 & 0 & 0 & 0 & 0 \\ 1 & 0 & 0 & 0 & 0 \end{pmatrix} \\ \tilde{\boldsymbol{R}}_{\mathrm{Cu}} = \begin{pmatrix} 1 & 0 & 0 & 0 & 0 \\ 0.507 & 0.493 & 0 & 0 & 0 \end{pmatrix} \\ \tilde{\boldsymbol{R}}_{\mathrm{Pb}} = \begin{pmatrix} 1 & 0 & 0 & 0 & 0 \\ 0.831 & 0.169 & 0 & 0 & 0 \end{pmatrix} \\ \tilde{\boldsymbol{R}}_{\mathrm{Zn}} = \begin{pmatrix} 1 & 0 & 0 & 0 & 0 \\ 0.636 & 0.364 & 0 & 0 & 0 \end{pmatrix} \\ \tilde{\boldsymbol{R}}_{\mathrm{Cd}} = \begin{pmatrix} 0.106 & 0.894 & 0 & 0 & 0 \\ 0 & 0.282 & 0 & 0 & 0 \end{pmatrix} \end{cases} \tag{4.15}$$

表 4.8　模糊综合风险评价结果和两类风险中间计算过程

类型	级别	Cr	Cu	Pb	Zn	Cd
$Risk_A$	1	1	1	1	1	0.106
	2	0	0	0	0	0.894
$Risk_B$	1	1	0.507	0.831	0.636	0
	2	0	0.493	0.169	0.364	0.282
	3	0	0	0	0	0.718
Risk	I	1	0.655	0.882	0.745	0.032
	II	0	0.345	0.118	0.255	0.466
	III	0	0	0	0	0.502

模糊综合风险评价结果如表 4.8 所示，总体来看，5 种重金属的模糊综合风险最高的为 Cd（等级 II～III），其次是 Cu、Zn 和 Pb，位于低风险（等级 I）至低-中风险（等级 II），且低风险（等级 I）隶属度高，最低的是 Cr，100%隶属于低风险（等级 I）。具体而言，Cd 具有中等潜在生态风险和较高的生物可利用性，显然其综合风险等级最高。另外，由于 Cd 对于低-中风险和中风险这两个等级的隶属度较为接近，分别为 0.466 和 0.502，因此在进行风险决策时，有必要进行进一步的空间分析。对于 Cu 而言，虽然与 Pb 和 Zn 一样，最大隶属度下其为低风险（等级 I），但是其中-低风险（等级 II）的隶属度较高，为 0.345，这可能是由 Cu 各采样点形态组分差异较大、RAC 分布不均所导致的。综上所述，Cd 和 Cu 可能会对洪湖水生态系统造成不良生物影响，且不仅需要全局控制，还需要局部空间管控。

二、空间模糊综合评价结果

各采样点 $Risk_A$ 的等级和隶属度结果显示，Cr、Cu、Pb 和 Zn 的 16 个站点的评价结果都是 100%隶属于低风险（等级 I），而不确定度主要体现在 Cd，Cd 具体结果如图 4.10（a）所示。可以看到 16 个站点主要评价结果为 $Risk_A$ 的 2 级水平。特别是 S1 和 S2，隶属度在 50%左右，表现出在两个级别的中间地带。相比于 $Risk_A$，$Risk_B$ 的结果更加复杂，如图 4.10（b）所示。Cd、Cu 和 Zn 都表现出 2 级以上的 $Risk_B$ 风险，Cd 的 3 级风险是全域的，而 Cu 的 2 级风险表现出来只占 50%左右的采样点。隶属度热图如图 4.10（c）所示，$Risk_B$ 的隶属度随着颜色的加深而减小，颜色越深表现出不确定度越高。可以看到 Cr 基本上 100%隶属于 1 级的 $Risk_B$ 风险，这与其形态分析结果稳定有关。前文提到 16 个采样点 Cr 主要以残渣态为主，极少比例为有机结合态。而 Cu、Pb、Zn 和 Cd 则表现出复杂的形态特征，从而导致隶属度较小，处于 50%附近，难以获得 $Risk_B$ 确切的等级。此外，虽然 $Risk_B$ 具有复杂的异质性，造成评价结果的不确定性。但是根据式（4.10），$Risk_B$ 反映的是重金属形态组分的相对大小，其绝对浓度并没有被很好地量化。所以需要 $Risk_A$ 和 $Risk_B$ 复合，得到综合考虑重金属总量和形态组分的结果，Risk 的等级和隶属度如图 4.10（d）和（e）所示。可以看出 Risk 等级折中了 $Risk_A$ 和 $Risk_B$ 的结果，这种折中效果在 Cu 和 Cd 的评价中尤其显著。例如 S3、S7、S8、S11、S13、S14、S15、S16，原本 3 级的 $Risk_B$，在复合了总量风险 $Risk_A$ 后，风险只有 2 级，可能是因为虽然形态组分中生物可利用组分占比较高，但是总量较低，使最终的风险等级降低。相同的情况也发生在 Cu 的评价中，例如 S3、S4、S9、S11、S12、S16。采用隶属度的方法，定量表征评价结果隶属于某一等级的可能性（probability）。这种可能性一般的取值范围为 50%～100%，因为一般评价结果只横跨两个等级，具体结果如图 4.10（c）和（e）所示。Risk 比 $Risk_B$ 结果不确定性相对较小。热图颜色越深代表不确定性越大，即最大隶属度下的评价结果的可能性越低，评价结果越不肯定。复合 $Risk_A$ 和 $Risk_B$ 以后，最终 Risk 不确定性相比 $Risk_A$ 总量生态风险要复杂，但是评价结果要比 $Risk_B$ 方法更加肯定。特别是 Zn 和 Pb，Risk 方法显著提升了最终评价等级的隶属度。

为了更加清晰地阐述上述复杂结果，以及在空间上的分布规律，采用 IDW 分别对各重金属 Risk 等级和隶属度进行插值。

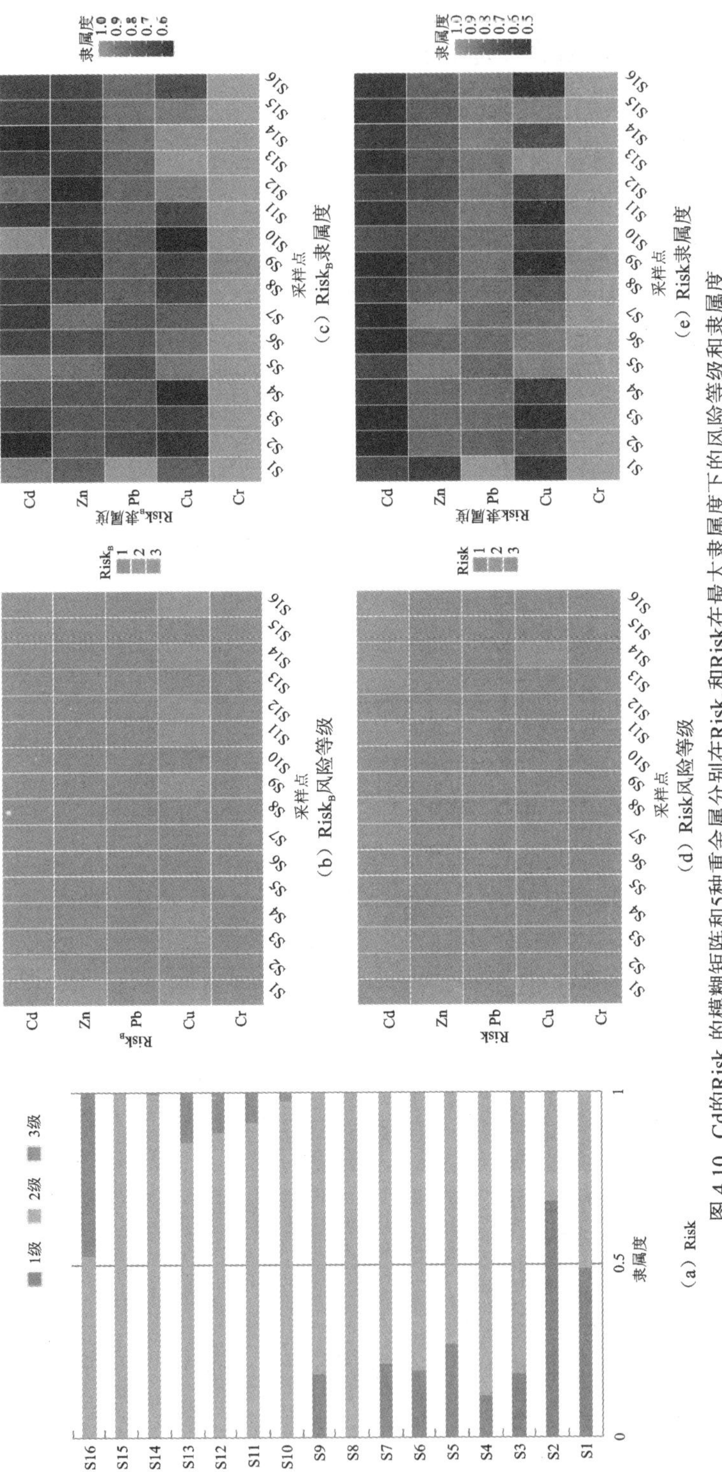

图 4.10 Cd的$Risk_A$的模糊矩阵和5种重金属分别在$Risk_B$和Risk在最大隶属度下的风险等级和隶属度

Zn、Cr、Pb 的模糊综合风险与可能性的空间分布如图 4.11 所示。Cr 和 Pb 的最大隶属度下的模糊综合风险 Risk 的等级全域为 I 级，而从隶属度的插值结果可以看到，基本上模糊评价结果不确定性较小，Cr 的隶属度

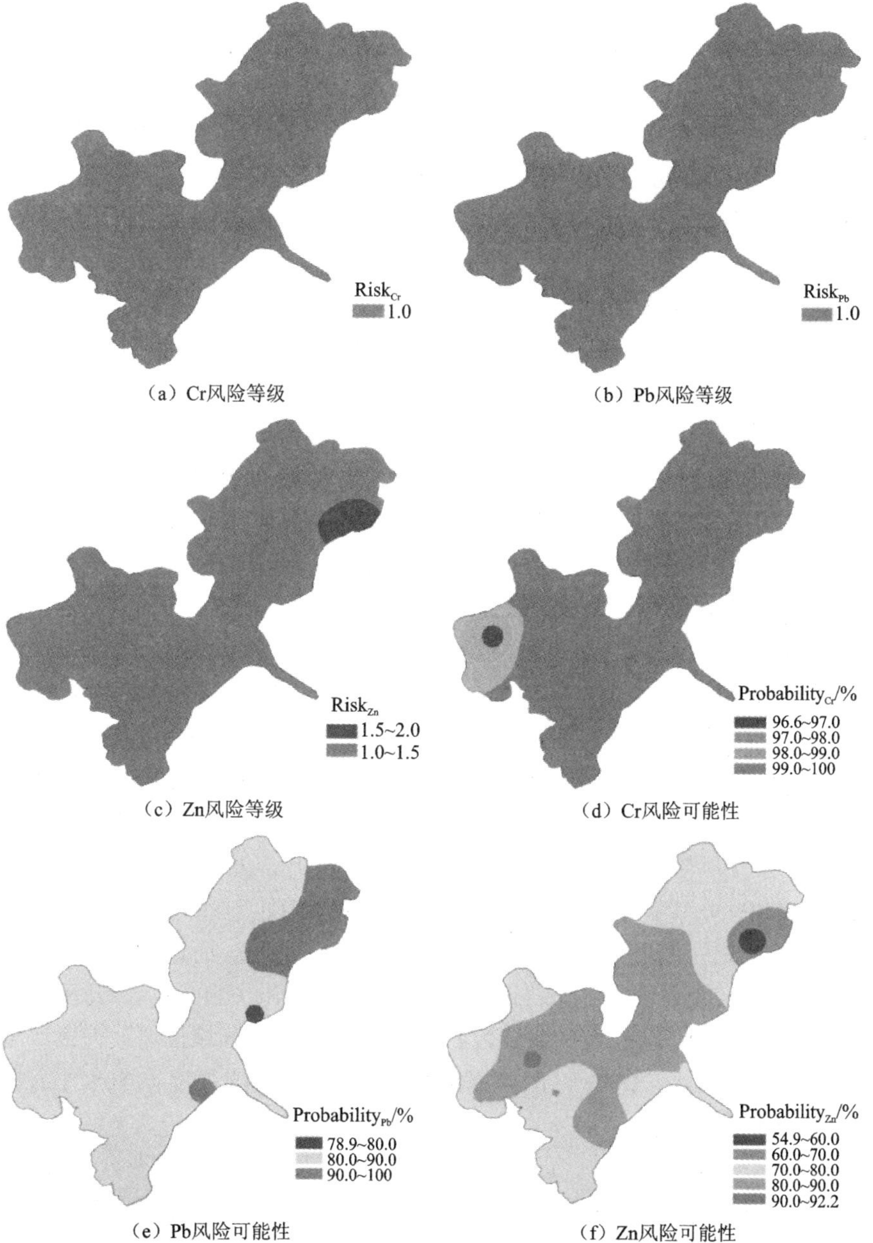

（a）Cr风险等级　（b）Pb风险等级

（c）Zn风险等级　（d）Cr风险可能性

（e）Pb风险可能性　（f）Zn风险可能性

图 4.11　洪湖沉积物中 Cr、Pb、Zn 的模糊综合风险与风险可能性的空间分布

基本都为 100%，位于洪湖西角的 S9 隶属度相对较低，其 Cr 的 $Risk_A$ 的模糊矩阵为(1, 0, 0, 0, 0)，$Risk_B$ 的模糊矩阵为(0.952, 0.048, 0, 0, 0)，模糊综合风险矩阵为(0.966, 0.034, 0, 0, 0)，说明 S9 不确定性较低是由于弱酸溶解态的占比较高，导致 $Risk_B$ 和 Risk 比其他采样点高，在识别等级时，稍微超越了 I 级风险。而 Pb 的模糊综合风险虽然在等级空间分布上与 Cr 相同，但是隶属度分布却更为复杂。隶属度主要为 80%～90%，而隶属度的最低值存在于北洪湖的西岸，进江口前端的 S2，其 Pb 的 $Risk_A$ 的模糊矩阵为(1, 0, 0, 0, 0)，$Risk_B$ 的模糊矩阵为(0.699, 0.301, 0, 0, 0)，模糊综合风险矩阵为(0.789, 0.211, 0, 0, 0)，也是 $Risk_B$ 风险主导的不确定性水平。前文中理化分析发现 S2 比较特殊，以砂粒为主（59.81%），Pb 总量浓度最低，残渣态占比很高，但是弱酸溶解态占比相对较高，可还原态占比较低。可能是因为 S2 处的沉积物中的 Pb 除了矿化晶格结构中的 Pb，$PbCO_3$ 占比比其他采样点高，且容易被乙酸分解。Zn 与 Pb、Cr 的结果略有不同，最大隶属度下综合风险等级评价 S1 处出现了 II 级风险。该处综合风险等级也受到 $Risk_B$ 的影响，两者的模糊矩阵分别为 $Risk_B$(0, 0.785, 0.215, 0, 0) 和 Risk(0.300, 0.549, 0.151, 0, 0)。而在隶属度方面，基本上湖心风险等级更加肯定，隶属度为 80%以上，而边岸地带的隶属度较低，为 80%以下，有将近 1/4 的可能性隶属于 2 级风险。

而优先控制重金属 Cd 和 Cu 风险等级较高，隶属度结果也较复杂，其结果如图 4.12 所示。不确定性在 Cu 和 Cd 评价结果中尤其明显。沉积物中的 Cu 在最大隶属度下于 S1、S12、S14 点位处为 II 级风险，综合模糊风险矩阵分别为(0.452, 0.548, 0, 0, 0)、(0.300, 0.653, 0.047, 0, 0)、(0.315, 0.685, 0, 0, 0)。而 I 级风险区域评价结果不确定性较大，即结果不甚肯定。例如 S3、S9、S11 的模糊综合风险矩阵分别为(0.521, 0.479, 0, 0, 0)、(0.514, 0.486, 0, 0, 0)、(0.501, 0.499, 0, 0, 0)。而上述 6 个点位所代表的不确定区域，如图 4.12（c）所示，不确定性低于 70%的区域占到近半的洪湖面积。而这种较低不确定性的情况在 Cd 评价中更为普遍，如图 4.12（b）和（d）所示，几乎全部区域的 Cd 模糊综合评价的隶属度都低于 60%，所有区域虽然最大隶属度可能显示为 II 级和 III 级，但是评价结果均不肯定，隶属度在 50%左右。而除去 S8、S10、S11、S13～S16 7 个点位模糊风险矩阵横跨两个等级，如 S8(0, 0.550, 0.450, 0, 0)，其余各点位表现为横跨 3～4 个级别，如 S2(0.205, 0.465, 0.330, 0, 0)和 S5(0.082, 0.218, 0.649, 0.051, 0)。这种情况主要是由于 $Risk_A$ 和 $Risk_B$ 评价等级相差较大，例如 S5 的两种风险模糊矩阵分布为 $Risk_A$(0.272, 0.728, 0, 0, 0)和(0, 0, 0.926, 0.074, 0)。这种较大的差异主要是因为 Cd 总量较小，生态风险等级较低。但是其弱酸溶解态是 5 种重金属中占比最高的。低总量、高可利用度的状况，需要严防通过食物链富集，累积重金属风险。

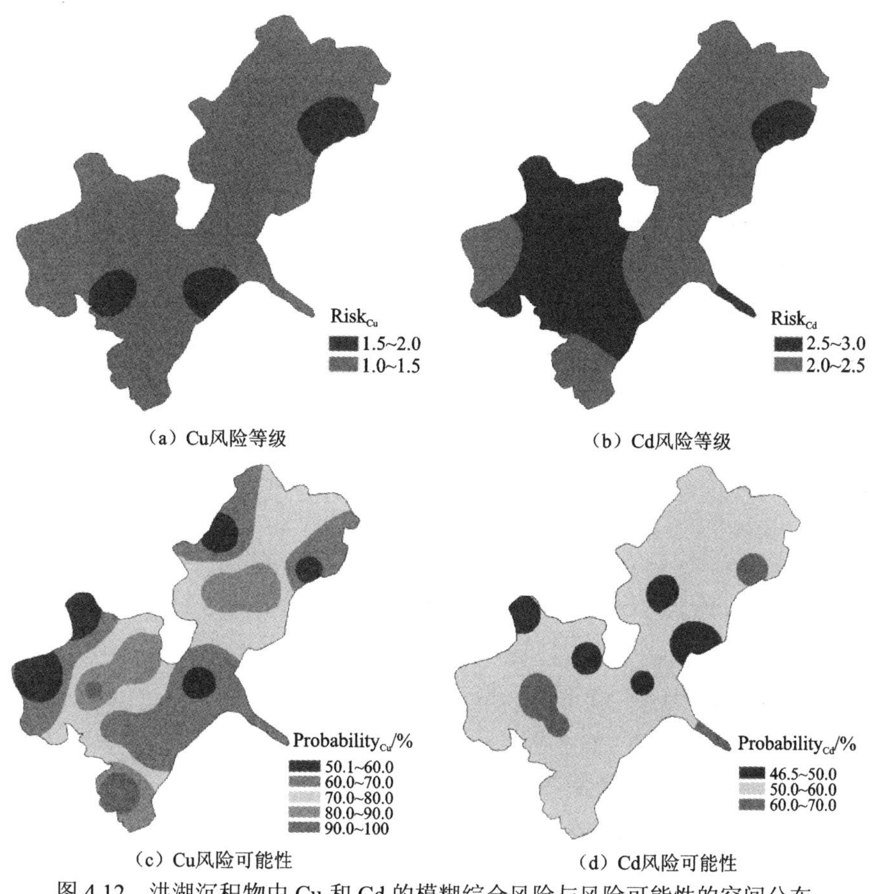

(a) Cu风险等级 (b) Cd风险等级

(c) Cu风险可能性 (d) Cd风险可能性

图 4.12 洪湖沉积物中 Cu 和 Cd 的模糊综合风险与风险可能性的空间分布

各点具体数值参见附表

综上所述，考虑综合风险的隶属度和等级空间分布，洪湖沉积物重金属防控需要以 Cu 和 Cd 为优先控制重金属，Cu、Pb、Zn、Cr 表现为点源型边岸污染，污染程度较低，但是一定程度的洪湖边岸带环境整治将有利于遏止重金属的进一步富集。而 Cd 的评价结果显示，虽然 Cd 在沉积物中总量不高，但是其可利用形态组分占比较高，且其面源型污染已经表现出中风险。稳定化已有沉积物中可以被弱酸提取的活性 Cd 组分，降低 Cd 的生物可利用性是必要的，尤其是南洪湖地区。而切断 Cd 的污染来源是使相关措施可持续的关键。另外，沉积物中 Cd 较高的风险也需要进一步了解动植物中重金属的生物富集情况。本书将在后续章节对动植物重金属富集情况进行分析。

参 考 文 献

曹龙, 李卫平, 陈秋丽, 等, 2017. 改进内梅罗污染指数法和模糊数学法对昭君岛湿地水质的评价及应用比较[J]. 湖北农业科学, 56(22): 4278-4281.

陈翠华, 倪师军, 何彬彬, 等, 2008. 江西德兴矿集区水系沉积物重金属污染的时空对比[J]. 地球学报, 29(5): 639-646.

陈静生, 1987. 水环境化学[M]. 北京: 高等教育出版社: 186-187.

成刚, 张远, 高宏, 2000. 白龟山水库规划区污染特征及潜在生态风险评价[J]. 环境科学研究, 23(4): 452-457.

樊梦佳, 2011. 基于三角模糊数的河流沉积物重金属评价研究[D]. 长沙: 湖南大学.

韩晋仙, 李园园, 2019. 基于模糊综合评价法的运城河津大桥段水环境质量评价[C]. 中国环境科学学会科学技术年会论文集(第二卷): 7.

霍文毅, 黄风茹, 陈静生, 等, 1997. 河流颗粒物重金属污染评价方法比较研究[J]. 地理科学(1): 82-87.

李磊, 平仙隐, 王云龙, 等, 2014. 春、夏季长江口海域表层沉积物中重金属污染的模糊综合评价及来源分析[J]. 海洋环境科学, 33(1): 46-52.

罗芳, 伍国荣, 王冲, 等, 2016. 内梅罗污染指数法和单因子评价法在水质评价中的应用[J]. 环境与可持续发展(5): 87-89.

南京农业大学, 1986. 土壤农化分析[M]. 2 版. 北京: 农业出版社.

孙华, 谢丽, 张金婷, 等, 2018. 基于改进内梅罗指数法的棕(褐)地周边土壤重金属污染评价[J]. 环境保护科学, 44(2): 98-102.

王钦, 丁明玉, 张志洁, 2008. 太湖不同湖区沉积物重金属含量季节变化及其影响因素[J]. 生态环境学报, 17(4): 1362-1368.

王芳婷, 包科, 陈植华, 等, 2020. 珠江三角洲海陆交互相沉积物中镉生物有效性与生态风险评价[J]. 环境科学(2): 653-662.

徐彬, 林灿尧, 毛新伟, 2014. 内梅罗水污染指数法在太湖水质评价中的适用性分析[J]. 水资源保护(30): 38-40.

杨浩, 张国珍, 杨晓妮, 等, 2016. 基于模糊综合评判法的洮河水环境质量评价[J]. 环境科学与技术, 39(s1): 380-386, 392.

杨静, 2014. 改进的模糊综合评价法在水质评价中的应用[D]. 重庆: 重庆大学.

尹海龙, 徐祖信, 2008. 河流综合水质评价方法比较研究[J]. 长江流域资源与环境, 17(5): 729-733.

张金婷, 谢贵德, 孙华, 2016. 基于改进模糊综合评价法的地质异常区土壤重金属污染评价: 以江苏灌南县为例[J]. 农业环境科学学报, 35(11): 2107-2115.

张倩, 李国强, 诸葛亦斯, 等, 2019. 改进的模糊综合评价法在洱海水质评价中的应用[J]. 中国水利水电科学研究院学报, 17(3): 226-232.

张智慧, 李宝, 梁仁君, 2015. 南四湖南阳湖区河口与湖心沉积物重金属形态对比研究[J]. 环境科学学报, 35(5): 1408-1416.

郑琦, 王海江, 董天宇, 等, 2019. 基于不同评价方法的绿洲棉田土壤质量综合评价[J]. 灌溉排水学报, 38(3): 90-98.

朱引弟, 陈星, 孟祥永, 2013. 基于改进模糊综合评价法的太湖水质评价[J]. 水电能源科学, 31(9): 42-44.

祝慧娜, 袁兴中, 曾光明, 等, 2012. 基于改进的潜在生态风险指数的霞湾港底泥重金属生态风险评价[J]. 中国有色金属学报(英文版), 22(6): 1470-1477.

ANGULO E, 1996. The Tomlinson pollution load index applied to heavy metal, 'Mussel-Watch' data: A useful index to assess coastal pollution[J]. Science of the Total Environment, 187(1): 19-56.

CHEN X Y, LI F, DU H Z, et al., 2020. Fuzzy health risk assessment and integrated management of toxic elements exposure through soil-vegetables-farmer pathway near urban industrial complexes[J]. Science of The Total Environment, 764(2): 142817.

DUONG C N, SCHLENK D, CHANG N I, et al., 2009. The effect of particle size on the bioavailability of estrogenic chemicals from sediments[J]. Chemosphere, 76(3): 395.

DUNN R J K, WELSH D T, TEASDALE P R, et al., 2008. Investigating the distribution and sources of organic matter in surface sediment of Coombabah Lake (Australia) using elemental，isotopic and fatty acid biomarkers[J]. Continental Shelf Research, 28(18): 2535-2549.

HAKANSON L, 1980. An ecological risk index for aquatic pollution control: A sedimentological approach[J]. Water Research, 14(8): 975-1001.

HAN X, HUANG T, CHEN X, 2013. Improved fuzzy synthetic evaluation method and its application in raw water quality evaluation of water supply plant[J]. Acta Scientiae Circumstantiae, 33(5): 1513-1518.

KE X, GUI S, HUANG H, et al., 2017. Ecological risk assessment and source identification for heavy metals in surface sediment from the Liaohe River protected area, China[J]. Chemosphere, 175: 473.

LINSTONE H A, TUROFF M, 1976. The Delphi method: Techniques and applications[J]. Journal of Marketing Research, 18(3): 363-364.

LIU Q, WANG F, MENG F, et al., 2018. Assessment of metal contamination in estuarine surface sediments from Dongying City, China: Use of a modified ecological risk index[J]. Marine Pollution Bulletin, 126: 293-303.

MA X, ZUO H, TIAN M, et al., 2016. Assessment of heavy metals contamination in sediments from three adjacent regions of the Yellow River using metal chemical fractions and multivariate analysis techniques[J]. Chemosphere, 144(3): 264-272.

MAANAN M, ELBARJY M, NAJWA H, et al., 2018. Origin and potential ecological risk assessment of trace elements in the watershed topsoil and coastal sediment of the Oualidia lagoon, Morocco[J]. Human & Ecological Risk Assessment, 24(3): 602-614 .

MORTIMER R J G, RAE J E, 2000. Metal speciation (Cu, Zn, Pb, Cd) and organic matter in oxic to suboxic salt marsh sediments, Severn Estuary, Southwest Britain[J]. Marine Pollution Bulletin, 40(5): 377-386.

PERIN G, CRABOLEDDA L, LUCCHESE L, et al., 1985. Heavy metal speciation in the sediments of Northern Adriatic Sea: A new approach for environmental toxicity determination[M]//LEKKAS T D. Heavy Metals in the Environment. Edinburgh: CEP Consultants: 454-456.

SINGH K P, MOHAN D, SINGH V K, et al., 2005. Studies on distribution and fractionation of heavy metals in Gomti river sediments-atributary of the Ganges, India[J]. Journal of Hydrology, 312(1-4): 14-27.

SZEFER P, GLASBY G P, PEMPKOWIAK J, et al., 1995. Extraction studies of heavy-metal pollutants in surficial sediments from the southern Baltic Sea off Poland[J]. Chemical Geology, 120(1-2): 111-126.

TUREKIAN K K, WEDEPOHL K H, 1961. Distribution of the elements in some major units of the Earth's crust[J]. Geological Society of America Bulletin, 72(2): 175.

ZHANG Q, YANG X, ZHANG Y, et al., 2013. Risk assessment of groundwater contamination: A multilevel fuzzy comprehensive evaluation approach based on DRASTIC model[J]. Thescientific World Journal (6): 610390.

ZHU H N, YUAN X Z, ZENG G M, et al., 2012. Ecological risk assessment of heavy metals in sediments of Xiawan Port based on modified potential ecological risk index[J]. Transactions of Nonferrous Metals Society of China, 22(6): 1470-1477.

第五章　洪湖食用鱼类中重金属健康风险评价

我国是全球渔产品生产重要贡献国家，根据 2014 年联合国数据显示，我国渔产品占全球的 37.42%，达到 6257 万 t（FAO，2016）。而其中一个重要组成部分就是淡水产品，2016 年我国淡水产品出口额达 5813 亿元，占全球总值 48.4%。湖北省洪湖市有我国淡水养殖第一市之称。随着产业发展，2016 年洪湖市农业产值达 128 亿元，得益于其 49 万 t 的全年水产量、总计 88 万亩的水产养殖面积，农业产值中 57%即 73 亿元由渔产业贡献。另外，洪湖为湖北省内最大的自然湿地保护区。该湖泊生态系统一直兼具农渔生产、净化污水、居民供水、蓄洪排涝、物种保护、气候调节、航运旅游等多种功能，对周边地区的经济社会发展具有重大影响，且关系到流域居民的身体健康。

近年来城市工业及农产业快速发展，人口数量不断上升，环境管理速度滞后，导致未处理完全的生活污水及工业废水排入洪湖水域，使洪湖水体受到污染。研究表明，在受到一定污染的水生态系统中，除了水和底泥这两种介质会受到影响，水生动物（如鱼、虾）、水生植物等也会被污染，进而通过食物链等生物蓄积作用进一步危害人体健康（Wang et al.，2020；Peng et al.，2016）。水生动物如鱼在生态系统中一直扮演着重要角色。早在 1700 年，我国就实施了稻鱼共生的生态系统，并逐渐应用于热带和亚热带地区（Halwart et al，2004）。在稻鱼共生的生态系统中，鱼会通过捕食害虫来保护庄稼及杂草，而且通过扰乱水和软化沉积物提供养分来促进水稻的生长，提高水稻产量，并可以通过开发生态旅游资源来增加收入，这种模式对环境和经济有多重效益，引起了当地政府和公众的广泛关注（Wang et al.，2020）。值得注意的是，随着这类生态系统的广泛应用，食用鱼和水生植物也为人类接触来自该生态系统的污染物提供了途径。在污染物中，重金属危害性极强、存在范围广，且超过一定阈值不仅危害湖中鱼类等生物生存，甚至影响渔业，造成严重生态危害。

生物蓄积通常为生物体通过周围的生长环境或者食物中累积外来危害因素并不断富集的过程（Omar et al.，2013）。重金属经长期的饮食、皮肤接触、呼吸等方式富集在鱼体的皮、鳞、肠、腮等部位，由内循环进一步将重金属带至肌肉、肝脏等处。经由食物链蓄积到达人体进而引发健康风险。鱼类作为人们大量食用消费的渔产品，占有重要渔业经济地位。随着地方经济的快速发展，污染水平也在升高，这些污染物的威胁可能变得更加严竣。鱼类在水生生态系统中处于较高的营养水平，各部位的重金属浓度可能比周围环境高出几个数量级，从而有可能通过慢性积累导致人体中重金属的富集。基于此，对在我国境内水体中的鱼体内重金属的检测及食用鱼后人体的健康风险评价十分重要，并以此为依据进行我国居民食用鱼类的风险管理及控制。

本章将通过测定养殖鱼及洪湖野生鱼体内的重金属含量，进一步评估相关人群食用两种鱼类（野生鱼和养殖鱼）的鱼肉、鱼杂等分别存在的潜在的健康风险，为环境中重金属对相关生物的潜在毒性提供数据支持，为居民科学饮食提供参考。

第一节　食用鱼体内重金属含量及污染水平评级模型

一、污染评价方法

常用的污染评价方法主要包括单因子污染指数法和多因子污染指数法。

（一）单因子污染指数法

单因子污染指数法常指代单一重金属的污染状况。表达式为

$$P_i = \frac{C_i}{S_i} \tag{5.1}$$

式中：i 代表重金属；P_i 为该重金属的污染指数，评价标准见表 5.1；C_i 为该重金属的平均质量分数，mg/kg；S_i 为标准限值，mg/kg。

表 5.1　单因子污染指数 P_i 的评价标准

P_i 的取值范围	污染水平
$P_i \leqslant 0.2$	正常
$0.2 < P_i \leqslant 0.6$	轻度污染
$0.6 < P_i \leqslant 1.0$	中度污染
$P_i > 1.0$	重度污染

（二）多因子污染指数法

该方法是对多种污染因子进行评价，在本书中即指代多种重金属。一般而言，有三种常用的方法：均方根综合指数法、综合污染指数法和重金属污染指数法。

均方根综合指数法：

$$\mathrm{PI}=\sqrt{\frac{1}{n}\times\sum_{i=1}^{n}P_i^2} \tag{5.2}$$

式中：n 为重金属总数；PI 为均方根综合指数，评价标准见表 5.2。

表 5.2 均方根综合指数 PI 的评价标准

PI 的取值范围	污染水平
PI≤1.0	无污染
1.0＜PI≤2.0	轻度污染
2.0＜PI≤3.0	中度污染
PI＞3.0	重度污染

综合污染指数法：

$$P_Z=\sqrt{\frac{\overline{P}^2+P_{i,\max}^2}{2}} \tag{5.3}$$

式中：P_Z 为综合污染指数，评价标准见表 5.3；$\overline{P}$ 和 $P_{i,\max}$ 分别为各单因子污染指数的均值和最大值。

表 5.3 综合污染指数 P_Z 的评价标准

P_Z 的取值范围	污染水平
P_Z≤1.0	无污染
1.0＜P_Z≤2.0	轻度污染
2.0＜P_Z≤3.0	中度污染
P_Z＞3.0	重度污染

重金属污染指数法：

$$\mathrm{MPI}=\sqrt[n]{C_1\times C_2\times C_3\times\cdots\times C_n} \tag{5.4}$$

式中：MPI 和 C_n 分别为重金属污染指数和第 n 个重金属的含量均值。

第二节 食用鱼类中重金属健康风险评价模型

一、靶器官危害系数法

靶器官危害系数法为一种评估摄入化学污染物质后导致的非致癌健康暴露风险的计算体系，由美国国家环境保护局提出（USEPA，1989）。该方法适用条件为假设烹煮过程不会导致污染物新增，同时吸收剂量为摄入污染物计量，基于此再将实际值与参考值进行比较评估（Cooper et al.，1991）。靶器官危害系数计算公式为

$$\text{THQ}=\frac{E_{\text{F}}\times E_{\text{D}}\times F_{\text{IR}}\times C}{R_{\text{FD}}\times W_{\text{AB}}\times T_{\text{A}}}\times 10^{-3} \tag{5.5}$$

式中：E_{F} 为人群暴露频率，350 d/a；E_{D} 为暴露时间，30 a；F_{IR} 为食物摄入率，g/d；C 为食物中重金属质量分数，mg/kg；R_{FD} 为摄入参考剂量，mg/（kg·d）；W_{AB} 为暴露人群平均体重，本章取 61.6 kg；T_{A} 为非致癌风险的暴露平均时间，365 d/a×E_{D}。

THQ＜1 时居民健康暴露处于安全状态，THQ≥1 时具备一定因摄食产生的暴露健康风险。另外，多种危害因素的协同作用也可产生健康风险。总靶器官危害系数（total target hazard quotients，TTHQ）可用来评估总风险，计算公式为

$$\text{TTHQ}=\sum \text{THQ}_i \tag{5.6}$$

式中：THQ_i 为重金属 i 单独计算出的靶器官危害系数。

二、致癌风险法

致癌风险法（carcinogenic risk，CR）针对由人体摄入产生的致癌风险中化学污染物导致的致癌风险，适用条件为假设烹煮过程不会导致污染物新增，同时吸收剂量为摄入污染物计量，引用口服致癌斜率因子（oral carcinogenic slope factor，CSFO）。致癌风险计算公式为

$$\text{CR}=\frac{E_{\text{F}}\times E_{\text{D}}\times F_{\text{IR}}\times C\times \text{CSFO}}{W_{\text{AB}}\times T_{\text{A}}}\times 10^{-3} \tag{5.7}$$

式中：CR 为致癌风险；CSFO 为口服致癌斜率因子，（kg·d）/mg。

CR 为 10^{-6}～10^{-4} 时居民健康暴露处于安全状态；CR>10^{-4} 时存在不可接受的因摄食产生的暴露健康风险；CR<10^{-6} 时可忽略因摄食产生的暴露健康风险。

三、预计每周摄入法

暂定每周允许摄入量（provisional tolerable weekly intake，PTWI）以周摄入量为限值对居民重金属摄入量进行规定，由世界卫生组织与联合国粮食及农业组织提出，重金属每周摄入量计算公式为

$$\mathrm{EWI}=\frac{F_{\mathrm{IR}}\times C\times 7}{W_{\mathrm{AB}}} \tag{5.8}$$

式中：EWI 为预估重金属每周摄入量，μg/kg；F_{IR} 为食物摄入率，本章取 54.33 g/d。

以周计算，评估得到的重金属摄入量低于周摄入限制量时，居民健康暴露处于安全状态；预估重金属摄入量不低于暂定允许摄入量时，具备一定因摄食产生的暴露健康风险。

第三节　洪湖食用鱼类中重金属的综合健康风险评价

一、研究区域与方法

（一）研究区域

在面积上，洪湖东西长 23.4 km，南北宽 20.8 km，总面积为 348.3 $\mathrm{km^2}$。生态方面，年均气温 16.6℃，年均降水 1 061～1 331 mm，属亚热带季风气候。洪湖是半封闭湖，水体流动性相对较低。湖泊动植物资源丰富，所处区域人类活动强度较大，在江汉平原湖泊中具有典型性。

（二）样品的采集和预处理

在当地池塘购买养殖鱼样，并于洪湖捕捞野生鱼样。用聚乙烯密封袋对采集的鱼样进行单独分装，携带−20℃冷藏箱进行样品保存，并在 24 h 内运回实验室储存以进行实验。

野生鱼采集种类有鳙鱼、鲫鱼、草鱼、鳜鱼、黄颡鱼，鳙鱼、草鱼和鳜鱼采集数量均为 8 条，此外，小鲫鱼采集 16 条（小鲫鱼与鲫鱼种类一致，但尺寸上要小很多），黄颡鱼采集 24 条；养殖鱼种类有鲶鱼、鲤鱼、鲫鱼、草鱼，采集数量均为 8 条。

采集的鱼经纯水清洗后于室温解冻，吸去体表残余水后测量鱼样大小及重量。解剖分离腮、鳔、肠、皮、肝脏等组织并冲洗干净，吸去体表残

余水分后，用匀浆机搅碎分装于聚乙烯小瓶中，保存温度设置为4℃。

（三）样本预处理与检测

仪器：微波消解仪、原子荧光光谱仪（AFS-9730，北京海光仪器有限公司）、原子吸收光谱仪（AAS-ZEEnit-700P，德国耶拿分析仪器股份公司）、电热板等。

主要试剂：过氧化氢（30%，优级纯，上海国药）、浓硝酸（65%，优级纯，上海国药）等。

检测步骤：

（1）称取0.5 g鱼组织置于微波消解罐。

（2）加入2 mL过氧化氢及8 mL浓硝酸。

（3）室温静置30 min。

（4）进行密封，使用微波消解仪在规定温度下消解。

（5）将消解罐放置在通风处打开，将配置好的混合液倒入小瓷杯，接着用0.2%的稀硝酸清洗，一并倒入小瓷杯，将电热板温度调至120℃加热蒸发至近干。

（6）冰箱保鲜室（4℃）保存待测。

各元素的检测方法、标准及检测限见表5.4。

表5.4　各元素的检测方法、标准及检测限

元素	检测方法	标准	检测限/（mg/kg）
As	原子荧光光谱仪检测	《食品中总砷及无机砷的测定》（GB 5009.11—2014）	0.001
Pb	原子吸收光谱仪检测	《食品中铅的测定》（GB 5009.12—2010）	0.1
Cu	原子吸收光谱仪检测	《食品中铜的测定》（GB 5009.13—2003）	0.02
Zn	原子吸收光谱仪检测	《食品中锌的测定》（GB 5009.14—2003）	0.1
Cr	原子吸收光谱仪检测	《食品中铬的测定》（GB 5009.123—2014）	0.001
Cd	原子吸收光谱仪检测	《食品中铬的测定》（GB 5009.123—2014）	0.001

二、食用鱼体内重金属含量特征

（一）野生鱼

1. 野生鱼的鱼肉中重金属含量及污染水平

6种重金属在野生鱼（鳙鱼、鲫鱼、草鱼、鳜鱼、小鲫鱼和黄颡鱼）

鱼肉中的含量如图 5.1 所示。

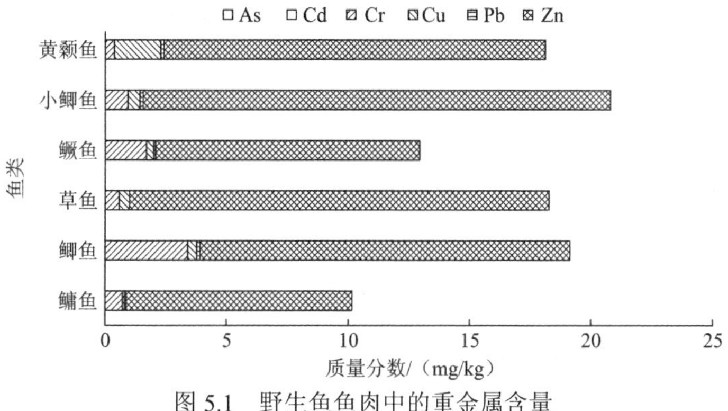

图 5.1　野生鱼鱼肉中的重金属含量

根据《食品安全国家标准 食品中污染物限量》（GB 2762—2012）和《无公害食品——水产品中有毒有害物质限量标准》（NY 5073—2006）等，As、Cd、Cr、Cu、Pb 和 Zn 的标准值分别是 0.1 mg/kg、0.1 mg/kg、2 mg/kg、50 mg/kg、0.5 mg/kg 和 50 mg/kg。而经测得，6 种重金属对应的平均质量分数分别为 0.000 7 mg/kg、0.006 9 mg/kg、1.25 mg/kg、0.599 4 mg/kg、0.088 4 mg/kg 和 14.65 mg/kg，均在可接受水平。从元素种类看，重金属含量按以下顺序依次降低：Zn>Cr>Cu>Pb>Cd>As。其中，Zn 的含量最高，远高于其他重金属，该元素是营养元素。其次是 Cr，Cr 的含量差异较大，不同种类野生鱼的 Cr 含量按以下顺序依次降低：鲫鱼>鳜鱼>小鲫鱼>鳙鱼>草鱼>黄颡鱼。As 含量最低，仅在黄颡鱼中检出。

图 5.2 展示了 6 种重金属在 6 种野生鱼鱼肉中的单因子污染水平。

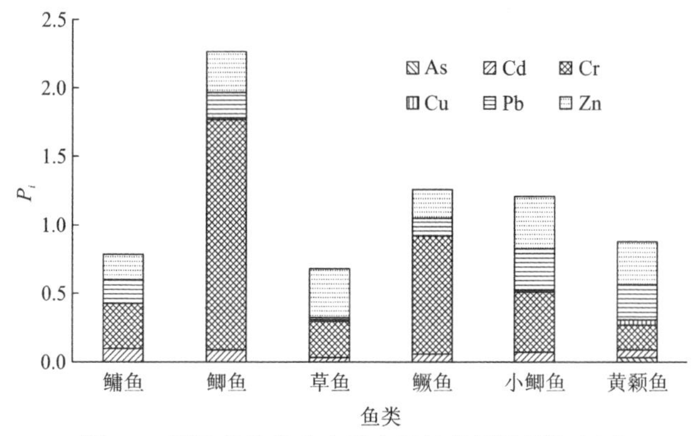

图 5.2　野生鱼的鱼肉中重金属的单因子污染水平

由图 5.2 可知，As、Cd、Cu 的单因子污染指数均小于 0.2，处于正常范围，Cr、Pb 和 Zn 均存在一定程度的污染。Cr 元素污染程度最大，在鲫鱼中属于重度污染，接着是鳜鱼，属于中度污染，而在鳙鱼、草鱼和小鲫鱼中属于轻度污染。小鲫鱼和黄颡鱼中，Pb 和 Zn 均属于轻度污染。而鲫鱼、鳜鱼和草鱼中的 Zn 也属于轻度污染，其他重金属的单因子指数均为正常范围。因此不难发现，尽管含量未超过标准阈值，重金属污染水平仍可能存在一定的风险。

表 5.5 展示了 6 种重金属在 6 种野生鱼鱼肉中的多因子污染水平。

表 5.5　野生鱼鱼肉中重金属的多因子污染水平

鱼类	PI	P_Z	MPI
鳙鱼	0.174 1	0.252 1	0.073 6
鲫鱼	0.702 3	1.218 0	0.145 1
草鱼	0.179 5	0.257 2	0.056 8
鳜鱼	0.363 2	0.619 3	0.094 5
小鲫鱼	0.271 0	0.341 1	0.131 1
黄颡鱼	0.183 1	0.246 0	0.125 1

由表 5.5 可知，各种野生鱼类的均方根综合指数 PI 均小于 1.0，属于无污染水平。而综合污染指数结果表明，鲫鱼的 P_Z 值为 1.2180，处于轻度污染水平，其他野生鱼类均为无污染水平。各种鱼类的综合污染指数按以下顺序依次降低：鲫鱼>鳜鱼>小鲫鱼>草鱼>鳙鱼>黄颡鱼。根据重金属污染指数 MPI 结果，污染最高的为鲫鱼，其次是小鲫鱼、黄颡鱼，污染较低的是鳜鱼、鳙鱼和草鱼。综合上述三种多因子污染评价法得到，鲫鱼受污染水平高于其他野生鱼类，污染水平最低的是草鱼。

2. 野生鱼的鱼肉和鱼杂中的重金属含量差异

本小节选择 4 种野生鱼类，分别是鳙鱼、鲫鱼、草鱼、鳜鱼，研究其鱼肉和鱼杂（鱼鳔、鱼皮、鱼肝脏）的重金属含量差异，结果如表 5.6 所示。

表 5.6　野生鱼的鱼肉和鱼杂中重金属的含量　（单位：mg/kg）

重金属	分类	鳙鱼	鲫鱼	草鱼	鳜鱼	均值
As	鱼肉	0	0	0	0	0
	鱼杂	0.000 6	0.008 3	0.016 9	0.004 7	0.007 6

续表

重金属	分类	鳙鱼	鲫鱼	草鱼	鳜鱼	均值
Cd	鱼肉	0.009 9	0.008 7	0.003 2	0.006 6	0.007 1
	鱼杂	0.008 8	0.025 7	0.069 3	0.017 6	0.030 4
Cr	鱼肉	0.663 3	3.356 6	0.536 9	1.696 6	1.563 4
	鱼杂	0.359 7	1.001 2	0.420 8	0.666 0	0.611 9
Cu	鱼肉	0.106 1	0.382 9	0.450 2	0.239 8	0.294 8
	鱼杂	1.616 2	1.748 9	1.663 5	1.378 6	1.601 8
Pb	鱼肉	0.083 5	0.093 8	0.011 1	0.063 9	0.063 1
	鱼杂	0.317 2	0.162 1	0.199 7	0.302 1	0.245 3
Zn	鱼肉	9.252 8	15.305 8	17.286 4	10.984 8	13.207 5
	鱼杂	13.612 8	78.709 7	18.654 6	15.094 3	31.517 8

由表 5.6 可知，Zn 元素的含量无论在鱼肉还是鱼杂中都是最高的，远高于其他元素。不同种类的野生鱼鱼杂中的 As、Cu、Pb 和 Zn 含量均高于鱼肉，而除鳙鱼外其他鱼类鱼杂中 Cr 的含量低于鱼肉。因此，Zn 和 Cu 主要富集于鱼杂中，尤其是鲫鱼的鱼杂中，Pb 主要富集于鳙鱼和鳜鱼的鱼杂中，Cr 元素主要富集于鳙鱼的鱼肉中，而 Cd 主要聚集于草鱼的鱼杂中，As 主要富集于草鱼的鱼杂中。

（二）养殖鱼

1. 养殖鱼的鱼肉中重金属含量及污染水平

6 种重金属在养殖鱼（鲫鱼、草鱼、鲤鱼和鲶鱼）鱼肉中的含量如图 5.3 所示。

根据国家标准中有关规定，As、Cd、Cr、Cu、Pb 和 Zn 的标准值分别是 0.1 mg/kg、0.1 mg/kg、2 mg/kg、50 mg/kg、0.5 mg/kg 和 50 mg/kg。而经测得，6 种重金属对应的质量分数范围分别是未检出（NA）、NA～0.013 4 mg/kg、NA～0.478 7 mg/kg、NA～1.244 mg/kg、NA～0.876 6 mg/kg 和 9.44～41.2 mg/kg。As、Cd、Cr、Cu 和 Zn 均在可接受水平，部分 Pb 超过了阈值。从元素种类看，重金属平均质量分数按以下顺序依次降低：Zn>Cu>Pb>Cr>Cd>As。其中，Zn 和 Cu 的含量最高，远高于其他重金

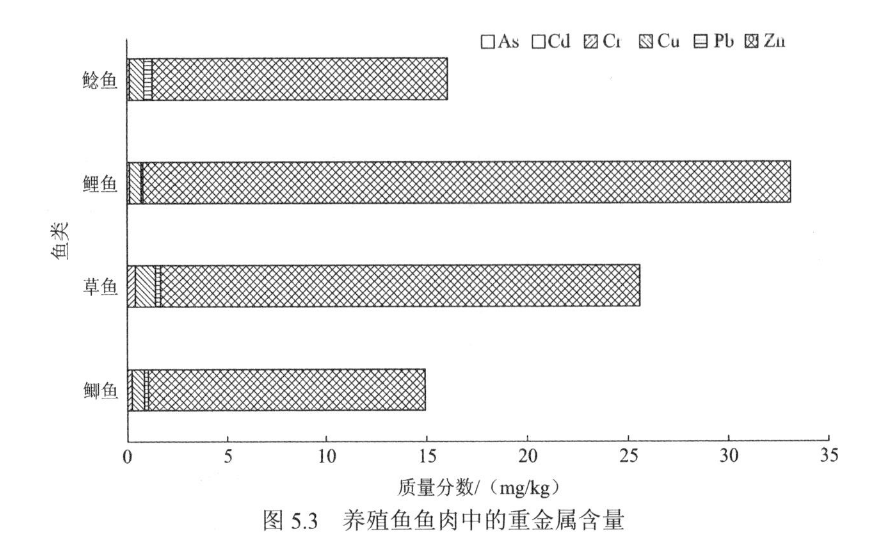

图 5.3　养殖鱼鱼肉中的重金属含量

属，均为营养元素。其次是 Pb 和 Cr。Pb 在 4 类养殖鱼中的含量按以下顺序依次降低：鲶鱼>草鱼>鲫鱼>鲤鱼。Cr 在鲤鱼中的含量最高。含量最低的是 Cd 和 As。Cd 在鲶鱼中含量最高，其次是鲤鱼，在鲫鱼和草鱼中未检出。As 在 4 种养殖鱼中均未检出。

图 5.4 展示了 6 种重金属在 4 种养殖鱼鱼肉中的单因子污染水平。

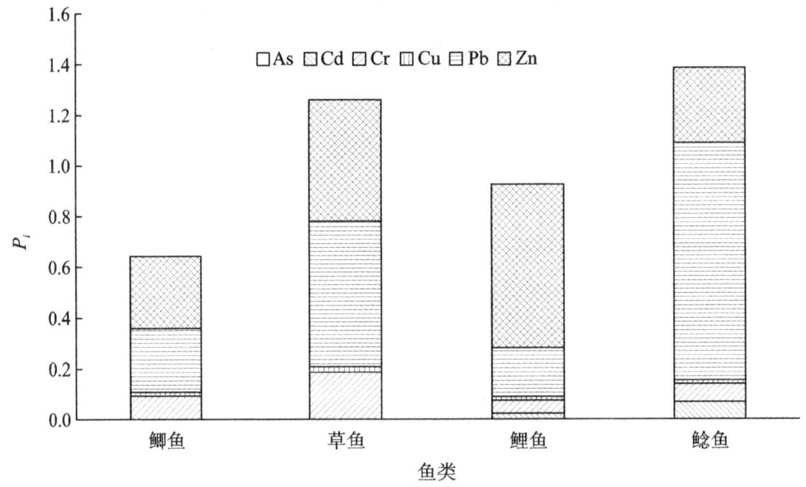

图 5.4　养殖鱼鱼肉中重金属的单因子污染水平

由图 5.4 可知，As、Cd、Cr 和 Cu 的单因子污染指数均小于 0.2，处于正常范围，Pb 和 Zn 均存在一定程度的污染，且这两种元素在不同的鱼类中污染程度差异最大。Pb 在鲶鱼中属于中度污染，在鲫鱼和草鱼中属于轻度污染，在鲤鱼中属于无污染。Zn 在鲤鱼中属中度污染，在鲫鱼、草鱼和鲶鱼中属于轻度污染。类似地，不难发现，尽管含量未超过标准阈值，重金属污染水平仍可能存在一定的风险。

表 5.7 展示了 6 种重金属在 4 种养殖鱼鱼肉中的多因子污染水平。

表 5.7 养殖鱼鱼肉中重金属的多因子污染水平

鱼类	PI	P_Z	MPI
鲫鱼	0.158 4	0.211 1	0.097 7
草鱼	0.313 2	0.428 6	0.179 8
鲤鱼	0.276 6	0.470 9	0.092 1
鲶鱼	0.401 4	0.678 7	0.126 9

由表 5.7 可知，各种养殖鱼类的均方根综合指数 PI 和综合污染指数 P_Z 均小于 1.0，属于无污染水平。各鱼类的均方根污染指数和综合污染指数分别按以下顺序依次降低：鲶鱼>草鱼>鲤鱼>鲫鱼，鲶鱼>鲤鱼>草鱼>鲫鱼。根据金属污染指数 MPI 可知，污染最高的为草鱼，其次是鲶鱼，污染较低的是鲫鱼和鲤鱼。综合上述三种多因子污染评价法得到，鲶鱼受污染水平高于其他养殖鱼类，污染水平最低的是鲫鱼。

2. 养殖鱼的鱼肉和鱼杂中的重金属含量差异

本小节选择 4 种养殖鱼类，分别是鲫鱼、草鱼、鲤鱼和鲶鱼，研究其鱼肉和鱼杂（鱼鳔、鱼皮、鱼肝脏）的重金属含量差异，如表 5.8 所示。

表 5.8 养殖鱼的鱼肉和鱼杂中的重金属含量差异 （单位：mg/kg）

重金属	分类	鲫鱼	草鱼	鲤鱼	鲶鱼	平均值
As	鱼肉	0	0	0	0	0
	鱼杂	0	0	0.006 4	0.008 8	0.003 8
Cd	鱼肉	0	0	0.002 6	0.007 2	0.002 5
	鱼杂	0.010 9	0.014 0	0.024 6	0.014 6	0.016 0
Cr	鱼肉	0.191 3	0.376 7	0.102 5	0.141 0	0.202 9
	鱼杂	0.232 1	0.134 1	0.025 6	0.139 2	0.132 8

续表

重金属	分类	鲫鱼	草鱼	鲤鱼	鲶鱼	平均值
Cu	鱼肉	0.679 7	1.018 0	0.570 1	0.663 6	0.732 9
	鱼杂	2.109 5	2.751 2	1.275 0	2.008 3	2.036 0
Pb	鱼肉	0.125 9	0.284 4	0.095 0	0.465 8	0.242 8
	鱼杂	0.048 4	0.182 4	0.028 3	0.119 8	0.094 7
Zn	鱼肉	13.940 0	23.930 0	32.390 0	14.880 0	21.285 0
	鱼杂	60.770 0	24.493 0	100.300 5	20.005 6	51.392 3

由表 5.8 可知，Zn 的含量无论在鱼肉还是鱼杂中都是最高的，远高于其他元素。不同种类的养殖鱼鱼杂中的 As、Cd、Cu 和 Zn 含量均高于鱼肉，而 Pb 的含量低于鱼肉，因此 Zn、Cu、Cd 和 As 主要富集于鱼杂中，而 Pb 主要富集于鱼肉中。养殖鲫鱼鱼肉的 Cr 含量低于鱼杂。其他种类养殖鱼鱼杂中的 Cr 含量均低于鱼肉。因此，Zn 和 Cd 主要富集于鲤鱼鱼杂中，而 Cu 主要富集于草鱼鱼杂中，Pb 主要富集于鲶鱼鱼肉中，Cr 主要富集于草鱼鱼肉中。

三、洪湖食用野生鱼类的重金属健康风险评价

湖北地区野生鱼食用的健康风险评价参考致癌风险法、靶器官危害系数法及预计每周摄入法，结果如表 5.9 所示。测定采样野生鱼种类中草鱼、鲫鱼、鳜鱼、鳙鱼鱼肉中平均重金属含量，采用鱼皮、鱼鳔、肝脏作为鱼杂，测定其平均重金属含量。

参考 USEPA 标准，对摄入参考剂量 R_{FD} 进行参考取值，得到 As、Cd、Cr、Cu、Pb 和 Zn 的摄入参考剂量分别是 0.000 3 mg/(kg·d)、0.001 0 mg/(kg·d)、1.500 mg/(kg·d)、0.040 0 mg/(kg·d)、0.004 0 mg/(kg·d) 和 0.300 0 mg/(kg·d)。依据《中国人群暴露参数手册》，选取 54.33 g/d 作为湖北居民鱼肉摄入率 F_{IR} 的取值。单一重金属靶器官危害系数（THQ）<1 且总靶器官危害系数（TTHQ）<1 时，可认为食用风险处于安全范围。

本小节计算得到的野生鱼的 THQ 均低于 1，即认为食用野生鱼的健康风险可忽略。野生鱼鱼肉中 THQ 按以下顺序依次降低：Zn>Pb>Cu>Cd>Cr>As，其中 Zn 和 Cu 为营养元素，Pb 可被视为湖北地区居民食用野生鱼肉摄入重金属的主要风险因子。野生鱼鱼杂中 THQ 从高至低为 Zn>Pb>Cu>Cd>As>Cr，其中 Zn 和 Cu 为营养元素，Pb 可被视为湖北地区居民食用野生鱼鱼杂摄入重金属的主要风险因子。

表 5.9　野生鱼（鱼杂和鱼肉）摄入健康风险比较

重金属	平均质量分数/（mg/kg）		R_{FD} /[mg/（kg·d）]	EWI/（μg/kg）		CR		THQ		PTWI /（μg/kg）	EWI/PTWI/%	
	鱼杂	鱼肉		鱼杂	鱼肉	鱼杂	鱼肉	鱼杂	鱼肉		鱼杂	鱼肉
As	0.007 6	0.000 0	0.000 3	0.047 0	0.000 0	9.7×10^{-6}	0.000 0	0.021 5	0.000 0	15	0.31	0.00
Cd	0.030 4	0.007 1	0.001 0	0.187 5	0.043 8			0.025 7	0.006 0	7	2.68	0.63
Cr	0.611 9	1.563 0	1.500 0	3.778	9.652			0.000 3	0.000 9	15	25.19	64.35
Cu	1.602 0	0.294 8	0.040 0	9.890	1.820			0.033 9	0.006 2	3 500	0.28	0.05
Pb	0.245 3	0.063 1	0.004 0	1.514	0.389 4	1.8×10^{-6}	4.5×10^{-7}	0.051 9	0.013 3	25	6.06	1.56
Zn	31.520 0	13.210 0	0.300 0	195	81.5			0.088 9	0.037 2	7 000	2.78	1.16

参考USEPA标准，Pb口服致癌斜率因子（CSFO）选用0.008 5 kg·d/mg，As口服致癌斜率因子选用1.5 kg·d/mg。得到食用野生鱼鱼肉Pb和As的致癌风险均$<10^{-6}$，因此可评价为不存在明显的食用风险，食用野生鱼鱼杂Pb和As的致癌风险（CR）位于10^{-4}～10^{-6}，由摄入引起的暴露健康风险在安全范围。

参考食品添加剂联合专家委员会（Joint Expert Committee on Food Additives，JECFA）标准，Cd每周允许摄入量（PTWI）选取7 μg/kg，As选取15 μg/kg，Cr选取15 μg/kg，Cu选取3 500 μg/kg，Pb选取25 μg/kg，Zn选取7 000 μg/kg。基于预计每周摄入法，对于食用野生鱼鱼肉和鱼杂而言，EWI值均低于PTWI限值，因此可评价为食用风险处于安全范围。野生鱼鱼肉中EWI检测结果为Zn>Cr>Cu>Pb>Cd>As，单一重金属的风险商（EWI/PTWI）排序为Cr>Pb>Zn>Cd>Cu>As。在野生鱼鱼杂中EWI检测结果为Zn>Cu>Cr>Pb>Cd>As，单一重金属的风险商（EWI/PTWI）从高至低为Cr>Pb>Zn>Cd>As>Cu。Cr可被视为湖北地区居民食用野生鱼鱼肉及鱼杂摄入重金属的主要风险因子。

根据以上分析结果，通过致癌风险法及靶器官危害系数法评价，Pb可被视为湖北地区居民食用野生鱼鱼肉及鱼杂摄入重金属的主要风险因子；而从预计每周摄入法（EWI）分析，Cr可被视为湖北地区居民食用野生鱼鱼肉及鱼杂摄入重金属的主要风险因子。综合比较CR(Pb)、THQ(Pb)和EWI/PTWI(Cr)，对于野生鱼种类，食用鱼肉的潜在风险低于鱼杂（图5.5）。

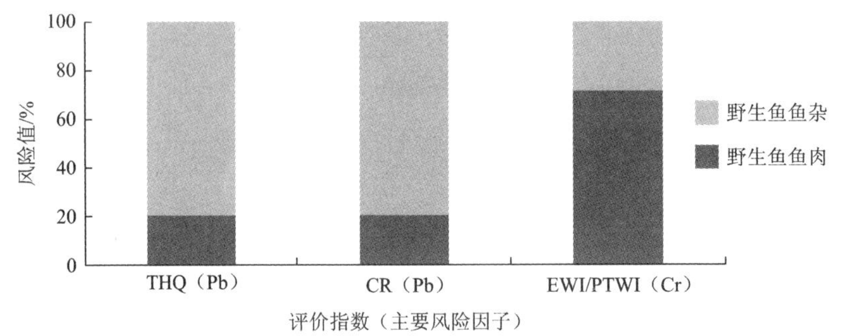

图5.5 野生鱼（鱼杂和鱼肉）的重金属摄入风险

四、洪湖食用养殖鱼类的重金属健康风险评价

湖北地区养殖鱼食用的健康风险评价参考致癌风险法、靶器官危害系数法及预计每周摄入法，结果如表5.10所示。测定采样养殖鱼种类中草鱼、

鲫鱼、鲤鱼、鲶鱼鱼肉中平均重金属含量，采用鱼皮、鱼鳔、肝脏作为鱼杂，测定其平均重金属含量。

单一重金属靶器官危害系数（THQ）<1 且总靶器官危害系数（TTHQ）<1 时，可认为食用养殖鱼鱼肉及鱼杂风险处于安全范围。由表 5.10 可知，对于单一重金属靶器官危害系数，养殖鱼鱼肉中 THQ 结果为 Zn>Pb>Cu>Cd>Cr>As，其中 Zn 和 Cu 为营养元素，Pb 可被视为湖北地区居民食用养殖鱼鱼肉摄入重金属的主要风险因子。养殖鱼鱼杂中 THQ 从高至低为 Zn>Cu>Pb>Cd>As>Cr，其中 Zn 和 Cu 为营养元素，Pb 可被视为湖北地区居民食用养殖鱼鱼杂摄入重金属的主要风险因子。

由表 5.10 可知，对于养殖鱼，摄入鱼杂 Pb 和鱼肉 As 的 CR 值均小于 10^{-6}，可认为食用风险处于可忽略范围，摄入鱼肉 Pb 和鱼杂 As 的 CR 值在 10^{-4} 到 10^{-6} 范围，可判定为危害风险水平是可以接受的。因此，在湖北地区居民食用养殖鱼鱼肉及鱼杂处于健康风险可接受范围。

基于预计每周摄入法，对食用养殖鱼鱼肉鱼杂计算，如果 EWI 值低于 PTWI，则判定为食用风险处于安全范围。养殖鱼鱼肉中 EWI 检测结果为 Zn>Cu>Pb>Cr>Cd>As，单一重金属的风险商（EWI/PTWI）排序为 Cr>Pb>Zn>Cd>Cu>As。在养殖鱼鱼杂中，EWI 检测结果为 Zn>Cu>Cr>Pb>Cd>As，单一重金属风险商（EWI/PTWI）从高至低为 Cr>Zn>Pb>Cd>Cu>As。Cr 可被视为湖北地区居民食用养殖鱼鱼肉及鱼杂摄入重金属的主要风险因子。

根据以上分析结果，通过致癌风险法及靶器官危害系数法，Pb 可被视为湖北地区居民食用养殖鱼鱼肉及鱼杂的主要重金属风险因子；而从预计每周摄入法分析，Cr 可被视为湖北地区居民食用养殖鱼鱼肉及鱼杂摄入重金属的主要风险因子。综合比较 CR(Pb)、THQ(Pb)和 EWI/PTWI(Cr)，对于养殖鱼而言，食用鱼杂的健康风险水平低于鱼肉（图 5.6）。

五、洪湖地区养殖鱼和野生鱼中重金属健康风险对比

本小节选取养殖鱼中鲫鱼和草鱼，与野生鱼中鲫鱼和草鱼进行分析，更清晰地比较养殖及野生鱼的鱼杂与鱼肉食用后摄入的健康风险区别。选取样本重金属含量采用相同组中鲫鱼和草鱼中平均质量分数，分析结果见表 5.11。

表 5.10　养殖鱼（鱼杂和鱼肉）摄入风险比较

重金属	平均质量分数/（mg/kg）		EWI/（μg/kg）		CR		THQ		PTWI /（μg/kg）	EWI/PTWI/%	
	鱼杂	鱼肉	鱼杂	鱼肉	鱼杂	鱼肉	鱼杂	鱼肉		鱼杂	鱼肉
As	0.003 8	0.000 0	0.023 4	0.000 0	4.8×10^{-6}	0.000 0	0.010 7	0.000 0	15	0.16	0.00
Cd	0.016 0	0.002 5	0.099 0	0.015 4			0.013 6	0.002 1	7	1.41	0.22
Cr	0.132 8	0.202 9	0.819 6	1.253 0			0.000 1	0.000 1	15	5.46	8.35
Cu	2.036 0	0.732 9	12.570 0	4.525 0			0.043 0	0.015 5	3 500	0.36	0.13
Pb	0.094 7	0.242 8	0.584 9	1.499 0	6.8×10^{-7}	1.8×10^{-6}	0.020 0	0.051 3	25	2.34	6.00
Zn	51.400 0	21.290 0	317	131			0.144 9	0.060 0	7 000	4.53	1.88

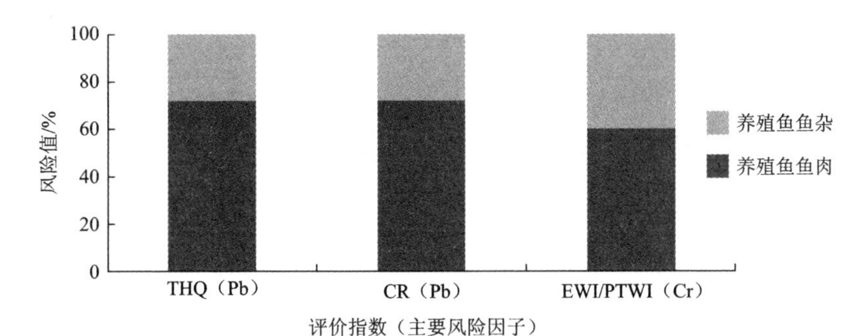

图 5.6 养殖鱼（鱼杂和鱼肉）的重金属摄入风险

表 5.11 养殖和野生鱼摄入风险计算结果

项目	分类		Pb	Zn	Cr	Cu	As	Cd
平均质量分数/（mg/kg）	养殖鱼	鱼肉	0.205 1	18.94	0.284 0	0.848 9	0	0
		鱼杂	0.115 4	42.63	0.183 1	2.430 0	0	0.012 4
	野生鱼	鱼肉	0.052 5	16.30	1.947 0	0.416 6	0	0.006 0
		鱼杂	0.180 9	48.68	0.711 0	1.706 0	0.0126	0.047 5
THQ	养殖鱼	鱼肉	0.043 4	0.053	0.000 2	0.017 9	0	0
		鱼杂	0.024 4	0.120	0.000 1	0.051 4	0	0.010 5
	野生鱼	鱼肉	0.011 1	0.046	0.001 1	0.008 8	0	0.005 0
		鱼杂	0.038 2	0.137	0.000 4	0.036 1	0.0355	0.040 2
CR	养殖鱼	鱼肉	1.47×10^{-6}	—	—	—	0	—
		鱼杂	8.30×10^{-7}	—	—	—	0	—
	野生鱼	鱼肉	3.77×10^{-7}	—	—	—	0	—
		鱼杂	1.30×10^{-6}	—	—	—	1.60×10^{-5}	—
PTWI/（μg/kg）			15	7	25	7 000	25	7 000
EWI/（μg/kg）	养殖鱼	鱼肉	1.267 0	117	1.754	5.241	0	0
		鱼杂	0.712 4	263	1.131	15.010	0	0.076 8
	野生鱼	鱼肉	0.323 8	101	12.020	2.572	0	0.036 8
		鱼杂	1.117 0	301	4.390	10.530	0.077 8	0.293 3
EWI/PTWI/%	养殖鱼	鱼肉	5.07	1.67	11.69	0.15	0	0
		鱼杂	2.85	3.76	7.54	0.43	0	1.10
	野生鱼	鱼肉	1.30	1.44	80.13	0.07	0	0.53
		鱼杂	4.47	4.29	29.26	0.30	0.52	4.19

由表 5.11 可知，对单一重金属靶器官危害系数（THQ），野生鱼鱼肉中，Zn>Pb>Cu>Cd>Cr>As，野生鱼鱼杂中 THQ 从高至低为 Zn>Cd>Pb>Cu>As>Cr，其中 Zn 和 Cu 为营养元素，Pb 可被视为食用野生鱼肉摄入重金属的主要风险因子。而在野生鱼鱼杂摄入中 Cd，Pb 和 As 较为接近，均被视为摄入重金属主要风险因子。养殖鱼鱼肉中 Zn>Pb>Cu>Cr，养殖鱼鱼杂中摄入的 THQ 排序为 Zn>Cd>Pb>Cu>As>Cr，其中 Zn 和 Cu 为营养元素，Pb 可同时被视为养殖鱼鱼肉及鱼杂摄入重金属主要风险因子。综上结论，Pb 被认为是野生鱼和养殖鱼摄入的主要健康风险因子。

基于致癌风险法，野生鱼鱼肉摄入 $CR_{Pb}<1.0\times10^{-6}$，引发的健康风险可忽略，鱼杂的重金属 As 和 Pb 导致的致癌风险均处于 1.0×10^{-6}～1.0×10^{-4}，即健康风险处于安全范围内。据此，Pb 可同时被视为食用野生鱼鱼肉摄入重金属的主要风险因子，As 可被视为食用野生鱼鱼肉摄入重金属的主要风险因子。养殖鱼鱼肉摄入 $1.0\times10^{-6}<CR_{Pb}<1.0\times10^{-4}$，该健康风险处于安全范围内，养殖鱼鱼杂摄入 $CR_{Pb}<1.0\times10^{-6}$，引发的健康风险可忽略，据此，Pb 可被视为食用养殖鱼摄入重金属的主要风险因子，As 在养殖鱼鱼肉及鱼杂中未检出。综上结论，Pb 通过致癌风险法评价可被视为湖北地区居民食用养殖鱼及野生鱼摄入重金属的主要风险因子。

基于预计每周摄入法，计算单一重金属的风险商（EWI/PTWI），野生鱼鱼肉中排序为 Cr>Zn>Pb>Cd>Cu>As，野生鱼鱼杂从高至低为 Cr>Pb>Zn>Cd>As>Cu，Cr 可被视为湖北地区居民食用野生鱼鱼肉摄入重金属的主要风险因子。同理在养殖鱼鱼肉中，排序为 Cr>Pb>Zn>Cu>As=Cd，养殖鱼鱼杂中排序为 Cr>Zn>Pb>Cd>Cu>As，Cr 可被视为湖北地区居民食用养殖鱼摄入重金属的主要风险因子。综上结论，Cr 通过预计每周摄入法评价可被视为湖北地区居民食用养殖鱼及野生鱼摄入重金属的主要风险因子。

综上所述，选取 Pb 及 Cr 为代表元素，基于致癌风险法、靶器官危害系数法、预计每周摄入法三种评价方法，通过野生鱼及养殖鱼的鱼肉及鱼杂摄入对比，可以更加清晰地观察养殖及野生带来的健康风险区别。图 5.7 显示养殖鱼的摄入比野生鱼带来更高的健康风险，该结果基于致癌风险法及靶器官危害系数法得出。图 5.8～图 5.10 显示养殖鱼鱼肉摄入比养殖鱼鱼杂摄入引发更高风险，而基于致癌风险法及靶器官危害系数法，野生鱼鱼杂摄入较野生鱼鱼肉带来更高健康风险。

总的来说，本章分别对洪湖养殖鱼和野生鱼的不同部位进行了重金属含量及对应的健康风险分析。结果表明，Pb 和 Cr 为主要的风险危害因子，食用养殖鱼鱼杂和野生鱼鱼肉会带来相对较低的健康风险。目前也有不少

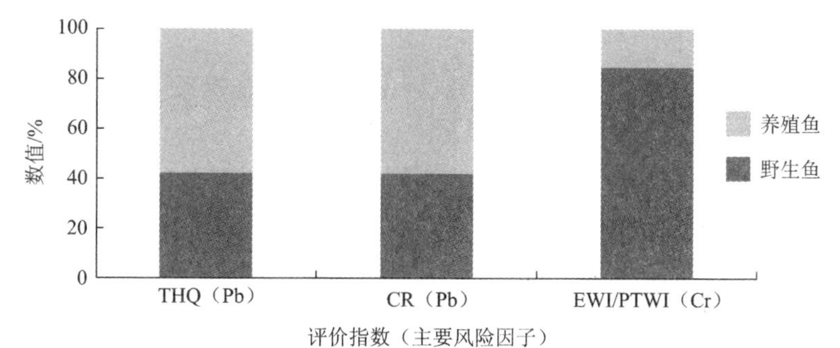

图 5.7　养殖鱼和野生鱼摄入风险对比

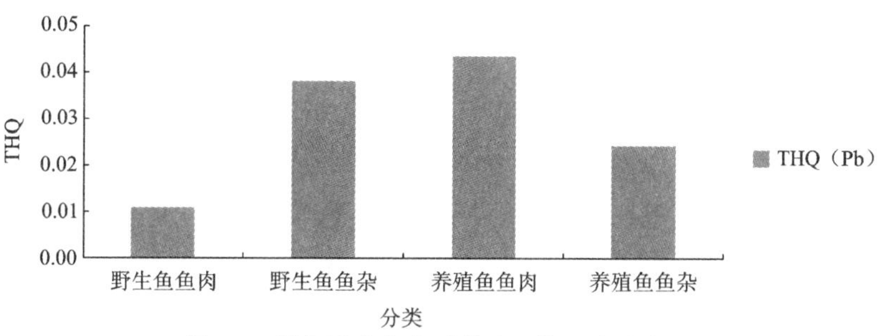

图 5.8　据靶器官危害系数法评价风险对比

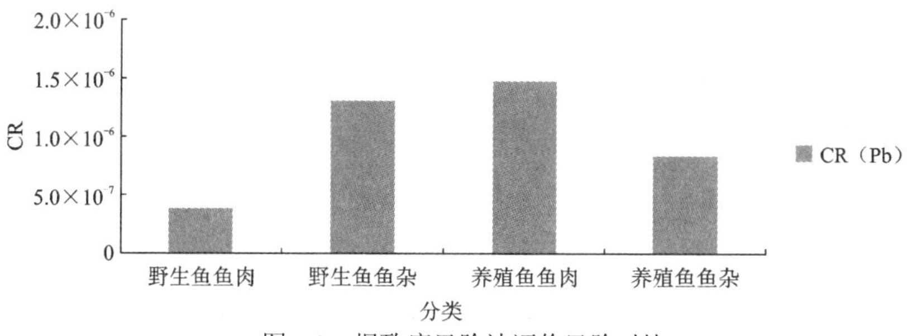

图 5.9　据致癌风险法评价风险对比

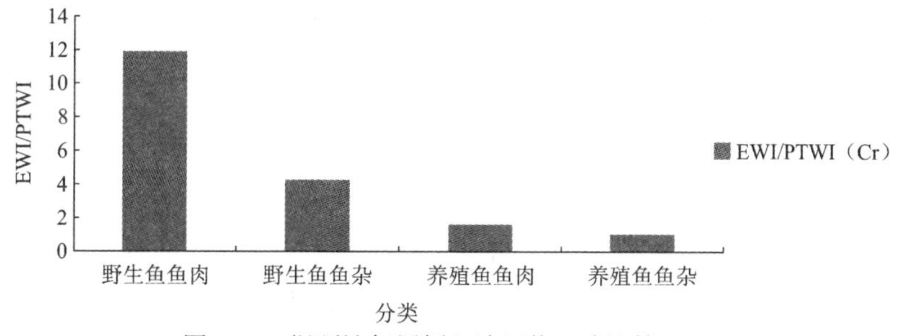

图 5.10　据预计每周摄入法评价风险比较

研究调查了食用鱼的健康风险水平。不同省份对鱼类的摄入量大不相同，福建和江苏居民摄入量最高，分别为 110 g/d 和 87 g/d，差不多是云南（28 g/d）和江西（26 g/d）的 4 倍（Liu et al.，2018）。因此，一般而言，位于低摄入率地区的居民不具有显著的健康风险。类似的水生动物还有小龙虾等。研究表明在我国的小龙虾市场上，湖北居民食用小龙虾的非致癌风险是江苏居民的 5 倍（Peng et al.，2016）。这是因为不同区域的饮食习惯不一样。而饮食习惯可能不容易改变，因此，切实改变水生环境包括水、底泥等污染状况从而降低水生动植物的污染物含量更为有效，这必然会涉及相关污染源的排放控制等方面，需要引起相关部门的关注。

参 考 文 献

田林锋, 胡继伟, 罗桂林, 等, 2012. 贵州百花湖鱼体器官及肌肉组织中重金属的分布特征及其与水体重金属污染水平的相关性[J]. 水产学报, 36(5): 714-722.

谢文平, 朱新平, 郑光明, 等, 2014. 广东罗非鱼养殖区水体和鱼体中重金属、HCHs、DDTs 含量及风险评价[J]. 环境科学(12): 4663-4670.

张慧婷, 庄平, 章龙珍, 等, 2011. 长江口中华鲟幼鱼主要饵料生物体内重金属 Cu、Cd 和 Hg 的积累与评价[J]. 海洋渔业, 33(2): 159-164.

COOPER C B, DOYLE M E, KIPP K, 1991. Risk of consumption of contaminated seafood, the Quincy Bay case study[J]. Environmental Health Perspectives, 90: 133-140.

FAO, 2006. Arsenic contamination of irrigation water, soil and crops in Bangladesh: Risk implications for sustainable agriculture and food safety in Asia[R]. Food and Agriculture Organization of the United Nations Regional Office for Asia and the Pacific, Bangkok, Tailand.

FAO, 2016. Fishery and Aquaculture Statistics for 2014[R]. Food and Agriculture Organization, Rome, Italy.

HALWART M, GUPTA M V, 2004. Culture of fish in rice fields[R]. FAO/The World Fish Center, Rome.

HARRY G M, JOSÉ M N, SERGI D, et al., 2021. Mercury distribution in different environmental matrices in aquatic systems of abandoned gold mines, Western Colombia: Focus on human health[J]. Journal of Hazardous Materials, 404, 124080.

LIU M, CHEN L, HE Y, et al., 2018. Impacts of farmed fish consumption and food trade on methylmercury exposure in China[J]. Environmental International, 120: 333-344.

OMAR W A, ZAGHLOUL K H, ABDEL-KHALEK A A, et al., 2013. Risk assessment and toxic effects of metal pollution in two cultured and wild fish species from highly degraded aquatic habitats[J]. Archives of Environmental Contamination and Toxicology, 65: 753-764.

PENG Q, NUNES L M, GREENFIELD B K, et al., 2016. Are Chinese consumers at risk due to exposure to metals in crayfish? A bioaccessibility-adjusted probabilistic risk assessment[J]. Environment International, 88: 261-268.

USEPA, 1989. Risk Assessment Guidance for Superfund Volume 1: Human Health Evaluation Manual(Part A)[R]. United States Environmental Protection Agency, Washington DC, USA.

WANG J X, SHAN Q, LIANG X M, et al., 2020. Levels and human health risk assessments of heavy metals in fish tissue obtained from the agricultural heritage rice-fish-farming system in China[J]. Journal of Hazardous Materials, 386, 121627.

WHO, 2004. Guidelines for Drinking Water Quality[M]. 3rd ed. World Health Organization, Geneva, Switzerland.

第六章　洪湖水生植物中重金属健康风险评价

凤眼莲，凭借其吸收、积累重金属能力强等特点，逐渐成为重要的重金属修复植物之一，同时作为监测水体重金属污染状况的指示植物（Mangas et al.，2004）。凤眼莲原产于南美亚马孙河流域，是多年生草本植物，雨久花科，繁殖速度快（Brundu et al.，2012）。凤眼莲的引入在带来收益的同时也在入侵物种的处理上造成了一定的成本（Parker et al.，2018；Greenfield，2007）。同时，凤眼莲能在生物的厌氧消化过程中提高沼气的产量，通过组合预处理方法提高生物乙醇的产量（Priya et al.，2018；Zhang et al.，2018）。凤眼莲能改变水体的透明度，降低溶解氧、氮、磷、重金属及其他污染物的浓度（Ting et al.，2018；Villamagna et al.，2010；Zimmels et al.，2007；Perna et al.，2005）。较多研究显示，凤眼莲对很多微量元素均具有很强的吸收和积累能力（Li，2016；Buta et al.，2011；Tiwari et al.，2007），如可用于去除Cr和Zn，也能富集微量元素Fe和Hg（Malar et al.，2015；Jayaweera et al.，2008）、As和Pb（Malar et al.，2014；Ingole et al.，2003）。此外，凤眼莲的不同组织对微量元素的提取和积累能力是不同的，据报道根系对微量元素的吸收能力高于芽（Sytar et al.，2016）。因此，凤眼莲可用作修复植物，修复受重金属污染的天然水体（Odjegba et al.，2007）。同时，许多研究表明凤眼莲可用来治疗血液病、消瘦、乏力、甲状腺肿大等症状，具有药用价值（Kamari et al.，2017；Priya et al.，2014）。与凤眼莲相关的安全与健康问题也引起了越来越多的关注（Prasad et al.，2016）。凤眼莲的嫩茎叶可以食用，洗净后做汤、炒食或凉拌，味道清香爽口。食用水生植物的同时会给人体带来健康风险（Ong et al.，2011）。对其他水生植物如野生水菠菜的研究表明，微量元素引起的健康风险很高，尤其是Mn和Cd（Guan et al.，2018；Balkhair et al.，2016）。然而，很少有研究关注凤眼莲摄入后由微量元素引起的健康风险。

洪湖已加入《拉姆萨尔公约》，被列入“国际重要湿地”。洪湖周围人类活动频率加大，过度围垦和养殖等，使洪湖污染加剧。已有研究从水、底泥、鱼类等方面展开，水质状况和湿地水生植被存在明显空间分布特征，中南部地区植被多样性明显高于北部（Zhang，2016），人类活动的影响导致洪湖水面面积有明显的年际和季节变化（Chang et al.，2015），水体逐渐被微量元素污染，2016 年洪湖水体中的微量元素污染程度比以前更严重（Li et al.，2018b；Li et al.，2017）。洪湖地表水微量元素的健康风险评价结果表明各采样点的健康风险评价水平为中等水平（10^{-5}～10^{-4}）（Li et al.，2017）。Cd 和 Cu 是底泥中的主要污染物（Yao et al.，2018；Zheng，2017）。有关洪湖水生动物的研究证明，对鱼类的摄食导致重金属暴露于人体，鱼类的微量元素的健康风险水平相对较高，Pb 和 Cr 被认为是野生鱼和养殖鱼健康风险的主要风险因子（Zhang et al.，2017）。然而，少有研究关注洪湖地区水生植物对重金属的修复，缺乏对重金属在不同介质中的迁移转化规律研究，且当地居民有饮食凤眼莲的习惯，因此，本章将主要从环境健康风险角度分析评价凤眼莲作为一种食用蔬菜是否存在潜在的致癌风险和非致癌风险。

第一节 水生植物中重金属的健康风险评价模型

健康风险评价是通过估算有害因子对人体不良影响发生的概率来评价暴露于该有害因子的个体健康受到影响的风险（Zhuang，2017）。目前，对人体的健康风险主要有饮食消化、皮肤接触和呼吸三种路径。凤眼莲所含的重金属元素主要通过饮食消化路径进入人体产生健康风险。本节采用美国国家环境保护局建立的 RBCA 模型来评价凤眼莲可食用部分样品中 6 种重金属进入人体的健康风险。暴露剂量计算公式为

$$\mathrm{ADD}=\frac{C\times \mathrm{IR}\times \mathrm{EF}\times \mathrm{ED}}{\mathrm{BW}\times \mathrm{AT}} \tag{6.1}$$

式中：ADD 为通过饮食消化的污染物日平均暴露剂量，本书指人体每天吸收洪湖凤眼莲中的重金属含量，mg/(kg·d)；C 为污染物浓度，即被测样品中的重金属暴露质量分数，mg/kg；IR 为污染物的日平均摄入量，此处分为成人和儿童，分别取 301.4 g/d、231.5 g/d；EF 为污染物的暴露频率，取 365 d/a；ED 为人体对污染物持续暴露时间，取 70 a；BW 为人体体重，取成人 63.9 kg、儿童 32.7 kg；AT 为平均暴露时间，取 25 550 d（Bend et al.，2007；Wang et al.，2005；Bend，1995）。

健康风险包括非致癌风险和致癌风险两类。非致癌风险用污染物的日平均暴露剂量与参考剂量的比率表示，见式（6.2）。HQ 即为单一重金属的

非致癌风险，忽略各种重金属之间的协同和拮抗作用，多种重金属复合暴露的非致癌风险用 HI 表示，见式（6.3），即 HQ 之和。HI>1，即暗示存在明显的健康风险，反之健康风险不明显。

$$HQ=\frac{ADD_{fza}}{RfD} \tag{6.2}$$

$$HI=\sum_{i}^{n}HQ_i \tag{6.3}$$

式中：ADD_{fza} 为非致癌污染物的日平均暴露剂量，mg/（kg·d）；RfD 为参考剂量，Zn、Cu、Pb、Cr、Cd 和 As 的参考剂量分别为 0.3 mg/（kg·d）、4×10^{-2} mg/（kg·d）、4×10^{-3} mg/（kg·d）、3×10^{-3} mg/（kg·d）、1×10^{-3} mg/（kg·d）和 3×10^{-4} mg/（kg·d）（Wang et al.，2012；Bend et al.，2007；Wang et al.，2005）；HQ_i 为某种重金属通过饮食消化路径导致的非致癌风险；i、n 均指元素的种类。

致癌风险见式（6.4）和式（6.5）。式（6.4）表示污染物的单一致癌风险，不考虑各污染物之间的协同和拮抗作用，多种污染物的复合致癌风险用 $Risk_T$ 表示，即各 $Risk_i$ 之和。USEPA 认为人体最大可接受致癌风险值为 1×10^{-4}。若 $Risk_T>1$，则表示存在明显的致癌风险，否则风险不明显。

$$Risk_i=ADD_{za}\times SF \tag{6.4}$$

$$Risk_T=\sum_{i}^{n}Risk_i \tag{6.5}$$

式中：ADD_{za} 为致癌污染物的日平均暴露剂量，mg/（kg·d）；SF 为致癌斜率因子，SF(As)=1.5 kg·d/mg，SF(Cr)=0.5 kg·d/mg，SF(Cd)=0.38 kg·d/mg，SF(Pb)=0.008 5 kg·d/mg（Wang et al.，2012；Wang et al.，2005；Bend，1995）。Zn 和 Cu 是植物必需的微量营养元素，在我国食品安全国家标准中不属于污染物，且没有致癌斜率，因此不计算 Cu 和 Zn 的致癌风险。

第二节　洪湖水生植物中重金属综合健康风险评价

一、区域研究方法

（一）研究区域

洪湖于 2008 年被列入“国际重要湿地”，也是国家级自然保护区。洪湖地处湖北省中南部，江汉平原东南部，地跨东经 113°07′～114°05′，北纬 29°39′～30°12′，属于长江和东荆江之间的洼地壅塞湖。湖面积

348.2 km^2，东西长 23.4 km，南北宽 20.8 km，平均水深 1.35 m，水深范围最大 2.32 m，最小 0.4 m，是湖北省第一大湖。洪湖属于亚热带湿润季风气候，平均气温和降水量分别为 16.6 ℃、1 060.5～1 331.1 mm。由于过度围垦和养殖、生活污水排放、农业面源污染等，生态遭到破坏（Li et al.，2017），且洪湖是半封闭湖，地表水流动性相对较低（Yuan et al.，2013）。洪湖动植物资源丰富，长年水草丰茂，所处区域人类活动强度较大，在江汉平原湖泊中具有典型性（Ban et al.，2014）。

（二）样品采集和检测

2016 年 9 月从洪湖 10 个点位分别取凤眼莲及其对应水样进行检测。以 50 cm×50 cm 为取样单位，用水下镰刀采集凤眼莲。采样点的选取严格按照《淡水生物调查技术规范》（DB43/T 432—2009），如图 6.1 所示，采样点编号为 S1～S10。首先对凤眼莲样本进行预处理，用自来水洗净，再用超纯水冲洗 3 次（Cheng et al.，2016；Villamagna et al.，2010），用不锈钢刀分离出根、茎、叶，各组织分别用纯水冲洗干净后，取适量分装于等大小聚乙烯小瓶中，并放置于 105 ℃恒温烘箱中烘 30 min，再调至 60 ℃烘 12～24 h，至干，之后将样本磨碎、过 100 目筛，装于等大小密封袋中待测。称取 0.2 g 样本于消解罐中，加入 5 mL 硝酸和 2 mL 过氧化氢，置于微波消解仪中消解，之后在电热板上赶酸至 1～2 mL，定容在 10 mL 容量

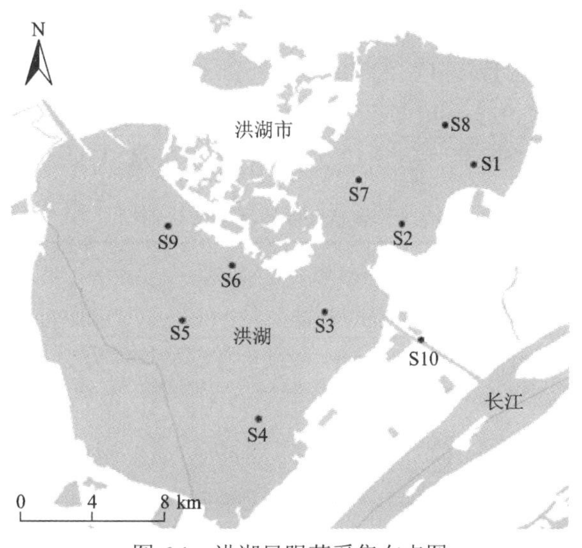

图 6.1　洪湖凤眼莲采集布点图

瓶中，于 4℃低温保存待测，用原子吸收法（AAS，ZEEnit700，Germany）测定样本中 Zn、Cu、Pb、Cr、Cd 和 As 的含量，反复 3 次。

采集的水样现场经 0.45 μm 滤膜过滤后储存于 1 L 的聚乙烯容器中，于 4℃低温储存。水样预处理过程严格参照《金属总量的消解硝酸消解法（HJ 677—2013）和《水质汞、砷、硒、铋、锑的测定原子荧光法》（HJ 694—2014）。本节采用多参数水质分析仪（HD40Q，HACH，Loveland，CO，USA）测量水质的主要理化性质指标，如 pH、水温、DO、EC。TN、TP 数据由分光光度法测量获得，参照《水质 总氮的测定 碱性过硫酸钾消解紫外分光光度法》（HJ 636—2012）和《水质 总磷的测定 钼酸铵分光光度法》（GB 11893—89）。

（三）数据统计和空间分析方法

利用皮尔逊（Pearson）相关性分析重金属浓度在凤眼莲及其对应环境（水、底泥）之间的关联性，以探讨重金属是否存在某种特定路径的迁移。所有样本数据均用 SPSS20.0 进行分析，且均通过 K-S 检验，置信水平取 0.05 或 0.1。

二、洪湖水环境的理化性质

水体的理化性质能大致反映出水环境状况。将样品测定结果与《地表水环境质量标准》Ⅱ类水质标准限值进行对比，如表 6.1 所示。pH、DO、EC 等均在限值范围内（Li et al.，2017），且 pH 波动不明显。温度的平均值为 27.57℃。浊度超过《生活饮用水卫生标准》（GB 5749—2006）规定的限值（3NTU）。TN、TP 的均值均超出限值，TN、TP 的最大接受值分别是 0.5 mg/L、0.025 mg/L，可认为洪湖是富营养型湖泊。COD 的浓度均值超过地表水Ⅱ类标准（15 mg/L），但达到地表水 IV 类标准（30 mg/L）。

表 6.1 洪湖水样的基本理化指标

项目	pH	温度/℃	浊度 NTU	溶解氧/（mg/L）	电导率/（uS/cm）	TN/（mg/L）	TP/（mg/L）	COD/（mg/L）
均值	7.58	27.57	52.73	8.857	273.2	0.54	0.082	27.29
最大值	7.79	29	142	11.25	356	0.77	0.19	46.9
最小值	7.28	26.4	20.7	6.34	230	0.22	0.04	17.3
方差	0.18	0.716	35.0	1.669	39.534	0.166	0.047	9.441
地表水Ⅱ类水质标准	6～9	—	3	6	2 000	0.5	0.025	15

已有研究显示，Zn、Cu、Pb、Cr、Cd、As 在水中质量浓度的平均值分别为：16.057 μg/L、3.882 μg/L、3.561 μg/L、1.680 μg/L、0.144 μg/L、0.957 μg/L，南部（S4）和北部（S8）受 As 污染严重（Li et al.，2017）。随着生活污水的不断排放、过度围垦和养殖、农业面源污染等，洪湖水质逐渐下降，采集该区域中的水生植物来筛选水环境修复植物，具有一定的参考价值。

三、重金属在凤眼莲中的分布

植物修复是一种重要的重金属修复技术，本小节采集洪湖不同点位的凤眼莲进行分析。表 6.2 列出了凤眼莲不同器官中重金属含量。图 6.2 显示的是不同重金属在不同器官中的分布规律。

表 6.2　凤眼莲不同器官中的重金属含量　（单位：mg/kg）

器官	数值	As	Cd	Cr	Cu	Pb	Zn
根	均值	3.458 7	0.144 9	5.078 3	6.605 6	4.795 3	58.882 7
	方差	1.595 9	0.060 6	3.347 5	4.514 6	2.415 0	28.460 7
	最大值	6.933 8	0.241 1	12.175 4	14.489 5	8.455 0	98.406 4
	最小值	1.680 6	0.063 9	0.942 8	0.075 3	0.867 7	11.389 9
茎	均值	0.123 4	0.023 2	1.190 2	2.920 5	0.417 7	25.307 5
	方差	0.069 7	0.011 0	0.881 8	2.370 9	0.107 3	16.554 9
	最大值	0.306 0	0.038 4	2.796 6	7.584 0	0.625 0	59.070 5
	最小值	0.032 3	0.009 3	0.100 3	0.399 8	0.237 5	1.618 5
叶	均值	0.101 0	0.026 0	0.778 0	6.223 3	0.412 1	27.426 1
	方差	0.071 1	0.016 9	0.414 3	1.713 6	0.234 3	11.483 5
	最大值	0.234 5	0.071 7	1.923 7	9.585 6	0.966 2	47.364 5
	最小值	0.000 0	0.012 1	0.522 1	3.648 2	0.112 8	9.223 1

凤眼莲对不同重金属的吸收存在明显差异，依次为 Zn>Cu>Cr>Pb>As>Cd，分别为 111.616 2 mg/kg、15.749 4 mg/kg、7.046 6 mg/kg、5.625 1 mg/kg、3.683 1 mg/kg、0.194 1 mg/kg。Zn 的吸收量远远超过其他重金属，其次是 Cu，说明凤眼莲对 Zn 和 Cu 吸收、净化能力大于 Cr、Pb、As 和 Cd，因此凤眼莲对不同重金属的吸收是有选择性的。由表 6.2 可知，根吸收重金属的质量分数大小依次为 Zn（58.882 7 mg/kg）>Cu（6.605 6 mg/kg）>

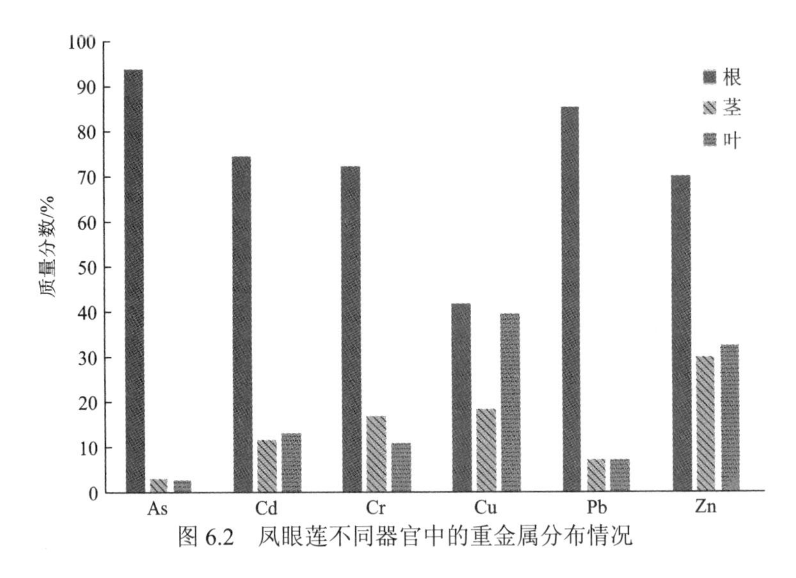

图 6.2 风眼莲不同器官中的重金属分布情况

Cr（5.078 3 mg/kg）＞Pb（4.795 3 mg/kg）＞As（3.458 7 mg/kg）＞Cd（0.144 9 mg/kg），Zn、Cu、Cr、Pb、As、Cd 在茎中的质量分数依次为 25.307 5 mg/kg、2.920 5 mg/kg、1.190 2 mg/kg、0.417 7 mg/kg、0.123 4 mg/kg、0.023 2 mg/kg，Zn、Cu、Cr、Pb、As、Cd 在叶中的质量分数分别为 27.426 1 mg/kg、6.223 3 mg/kg、0.778 0 mg/kg、0.412 1 mg/kg、0.101 0 mg/kg、0.026 0 mg/kg。一般来说，重金属富集能力表现为根大于茎、叶。凤眼莲可用来进行 Zn、Cu、Cr、Pb 等重金属的修复，有待进一步研究。

从植物不同器官对重金属的积累能力来看，不同器官对同一重金属的积累能力也大不相同，根部的重金属含量普遍高于地上部分，除 Cu（41.94%）以外，重金属在根部的质量分数都超过了 50%。As、Cr、Pb 在根、茎、叶的质量分数依次降低。其中 90%以上的 As 被根吸收，是茎叶中含量的 30 多倍，是根部相对含量最高的元素，而在茎叶中含量极少，在根、茎、叶的分布比例分别为 93.91%、3.35%、2.74%。85.25%以上的 Pb 分布在根部，茎、叶中的分布比例分别为 7.43%、7.33%，Cr 在根、茎、叶中的分布比例分别为 72.07%、16.89%、11.04%。Zn 和 Cd 主要分布在根部，叶中的含量略微高于茎中的含量，Zn 在根、茎、叶中的分布比例依次为 52.57%、22.67%、24.57%，Cd 在根、茎、叶中的分布比例分别为 74.66%、11.93%、13.41%。Cu 在根和叶中的分布比例均较高，分别为 41.94%、39.51%。

为了更好地了解洪湖凤眼莲中的重金属，本节将国内外已有研究中水生植物中重金属的含量进行比较，如表 6.3 所示。结果表明，不同水生植物对重金属的富集能力不同。除荇菜外，锌的含量远远高于其他重金属。对凤眼莲来说，重金属的含量按顺序下降：Zn/Cu>Pb/Cr>As/Cd。重金属含量因水生植物产地而异，这可能与水生植物周围环境污染程度有关。

表 6.3　国内外水生植物重金属含量比较　（单位：mg/kg）

水生植物，产地	Zn	Cu	Cr	Pb	As	Cd	参考文献
荇菜，中国	0.81	0.18	0.206	3.60	1.55	0.10	孙宇婷等（2016）
芦苇，中国	75.69	37.86	—	10.84	—	1.04	黄永杰等（2015）
凤眼莲，中国	—	82.25	55.00	25.81	—	0.80	王凤珍等（2014）
凤眼莲，中国	111.62	15.75	7.05	5.63	3.68	0.19	本书
凤眼莲，马来西亚	495.00	402.00	6.20	303.00	0.77	2.40	Kamari 等（2017）
水草，斯洛文尼亚	69.80	10.10	2.16	1.10	0.37	0.51	Kroflic 等（2018）
水藓，葡萄牙	93.10	20.00	42.70	14.40	10.90	—	Favas 等（2018）
青藓，葡萄牙	137.00	24.10	53.70	14.80	15.50	—	Favas 等（2018）

由表 6.4 可知，凤眼莲对 Zn、Cu、Cr、Pb、As 吸收较多，可用来修复被 Zn、Cu、Cr、Pb、As 污染的水体，尤其是对 Zn 的去除效果最好。一般而言，与茎叶相比，根是吸收重金属最多的器官。

表 6.4　凤眼莲不同器官中的重金属分布

器官	As	Cd	Cr	Cu	Pb	Zn
根	3.458 7	0.144 9	5.078 3	6.605 6	4.795 3	58.882 7
茎	0.123 4	0.023 2	1.190 2	2.920 5	0.417 7	25.307 5
叶	0.101 0	0.026 0	0.778 0	6.223 3	0.412 1	—

四、生物富集系数和转移系数

凤眼莲富集重金属主要集中在根部，因此本小节所指的凤眼莲中的某重金属含量用其在根部的质量分数表示。重金属在不同采样点水体、凤眼莲中的分布如图 6.3 所示。不同点位、不同介质重金属的含量各不相同，且凤眼莲中重金属含量显著高于水体中的重金属含量，这也表明凤眼莲对重金属吸附和去除效果较好。随着水体重金属浓度升高，S2、S3 对应凤眼莲中重金属含量也逐渐升高。S1、S6、S7、S10 对应水体中重金属浓度较低，而凤眼莲根中重金属含量相对较高。

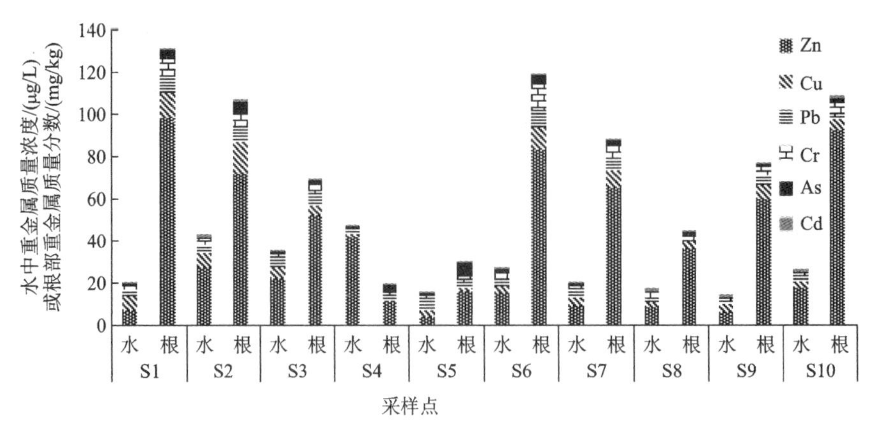

图 6.3　各采样点水体和凤眼莲根部的重金属含量

因此，本小节用生物富集系数（BCF）来衡量凤眼莲对重金属的吸收能力。由表 6.5 可知，生物富集系数最大的是 Zn，Zn 属于植物体必需的微量营养元素，对植物体内的各种蛋白质的合成及各种物质的转化起着重要作用（Perna et al.，2005）。其次是 As 和 Cr，As、Cr 在凤眼莲中的含量均为水体浓度的 3 倍以上。且 As 在凤眼莲中的含量仅高于 Cd，生物富集系数却仅次于 Zn，说明 As 较易被凤眼莲吸收。而 Cu、Pb、Cd 在凤眼莲中的含量也达到了水体浓度的 1 倍以上。因此，凤眼莲对不同重金属的富集能力各不相同，其对重金属的吸收是有选择性的。生物富集系数依次降低：Zn>As>Cr>Cu>Pb>Cd，均大于 1。综上所述，凤眼莲可作为修复植物，修复被 Zn、As 和 Cr 等重金属复合污染的水生生态系统。

表 6.5　凤眼莲中重金属的生物富集系数和转移系数

重金属	BCF	TF
Zn	3.667	0.448
Cu	1.702	0.692
Pb	1.347	0.087
Cr	3.023	0.194
As	3.614	0.170
Cd	1.106	0.032

表 6.5 还列出了凤眼莲对不同重金属的转移系数（TF）。从评价结果来看，凤眼莲对不同重金属的转移系数各不相同，其转移能力大小顺序为 Cu>Zn>Cr>As>Pb>Cd，且均小于 1，进一步验证了凤眼莲对重金属的吸收主要集中在根部。

五、健康风险评价

风眼莲对多种重金属都表现出了较强的富集能力，因此可用作修复植物，净化水质。然而，洪湖当地居民也将风眼莲的嫩茎叶作为蔬菜食材。因此，有必要从健康风险的角度，评价风眼莲（茎、叶、茎和叶）作为普通蔬菜进行食用时，是否对人体存在非致癌或者致癌风险，如图 6.4 和图 6.5 所示。

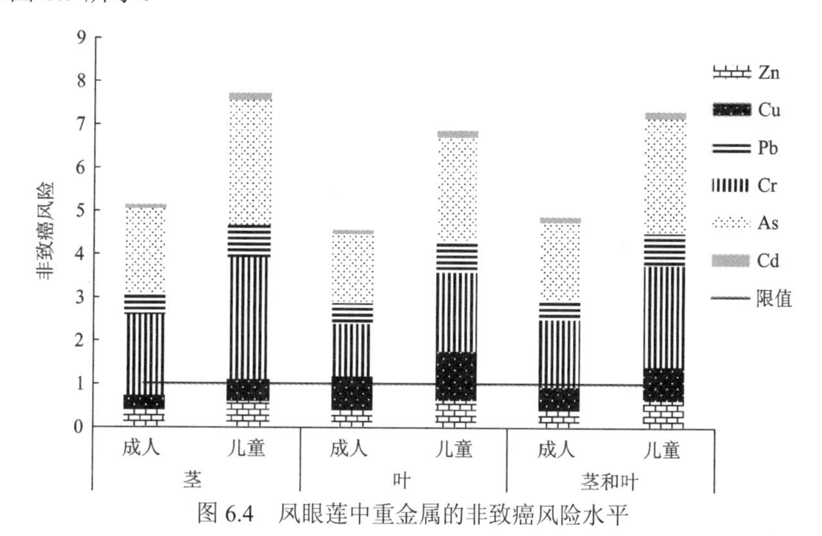

图 6.4 风眼莲中重金属的非致癌风险水平

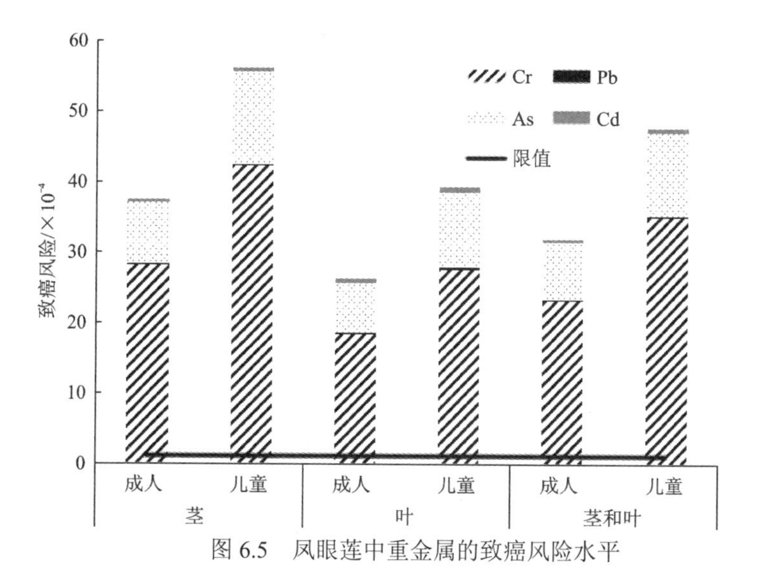

图 6.5 风眼莲中重金属的致癌风险水平

由图 6.4 可知，凤眼莲中重金属的总非致癌风险（HI）均远远超过限值 1，儿童和成人的 HI 值分别高达限值的 6.88 倍、4.59 倍，因此凤眼莲可食用部分存在非常明显的非致癌风险。对于 As 和 Cr 而言，茎比叶存在更高的非致癌风险，而 Cu 在叶中的非致癌风险大于茎，Cd、Pb、Zn 在茎和叶中的非致癌风险相差不大。儿童的总非致癌风险大于成人的总非致癌风险，也表明儿童比成人对重金属更加敏感。从单一金属对应的非致癌风险（HQ）来看，As 最高，其次是 Cr，且均大于 1，Cu 对儿童的非致癌风险也大于 1，对成人的非致癌风险为 0.733 8，依次为 As>Cr>Cu>Pb>Zn>Cd，因此，引起非致癌风险的主要元素为 As、Cr 和 Cu。

由图 6.5 可知，凤眼莲中重金属的总致癌风险均超过限值 10^{-4}，尽管凤眼莲将主要重金属集中在根部，但其可食用部分仍表现出较大的致癌风险，总体表现为茎 > 茎和叶 > 叶。成人和儿童的总致癌风险分别为 2.61×10^{-3}，3.92×10^{-3}，远远大于限值，尽管成人的摄入量比儿童高，但从结果来看，儿童的致癌风险依旧高于成人。各重金属对总致癌风险的贡献率依次是 Cr>As>Cd>Pb，Cr 的风险最高，占 70.23%，其次是 As，占 27.36%，因此，通过凤眼莲摄入的 Cr 和 As 的致癌风险高于 Cd 和 Pb，即引起致癌风险的主要元素是 Cr 和 As。

综上所述，凤眼莲会对人体产生非常大的健康风险，不推荐其作为普通蔬菜食用，其主要污染元素有 As 和 Cr。居民可通过改变饮食习惯等方式控制重金属的摄入，有关部门也要引起足够的重视，尤其是对儿童健康风险的重视。

六、相关性分析

相关性分析是通过 SPSS 20.0 揭示不同介质（水、底泥、凤眼莲）中的重金属含量是否在一定程度上存在统计学关系，以探求污染物的转移路径，为追踪污染源提供参考。首先假设同一重金属在不同介质中的含量无明显相关性，用 Pearson 简单相关系数进行分析，样本经过 T 检验和 F 检验，得到对应的相关系数及相关系数检验概率 *P*，若 *P* 小于给定的显著性水平 0.05 或 0.01，则拒绝原假设，认为某种重金属在不同介质中存在显著的线性相关；反之，若检验概率 *P* 大于给定的显著性水平，则不能拒绝原假设，可认为两介质中的某种重金属不存在显著的统计学相关性。详细结果如表 6.6 所示。

表 6.6　重金属含量在凤眼莲和水、底泥之间的相关性分析

重金属	介质	水	底泥	凤眼莲
Zn	水	1.000 0		
	底泥		1.000 0	
	凤眼莲	0.704**	−0.730**	1.000 0
Cu	水	1.000 0		
	底泥		1.000 0	
	凤眼莲	0.374 0	−0.914**	1.000 0
Pb	水	1.000 0		
	底泥		1.000 0	
	凤眼莲	0.304 0	−0.971**	1.000 0
As	水	1.000 0		
	底泥		1.000 0	
	凤眼莲	0.733**	−0.902**	1.000 0
Cr	水	1.000 0		
	底泥		1.000 0	
	凤眼莲	0.567**	−0.964**	1.000 0
Cd	水	1.000 0		
	底泥		1.000 0	
	凤眼莲	0.026 0	−0.917**	1.000 0

**在 0.01 水平（双侧）显著相关

对 Zn 而言，凤眼莲中的含量与水体的浓度存在统计学上明显（$P<0.01$）的正相关（$r=0.704$），与底泥中的含量存在明显（$P<0.01$）的负相关（$r=-0.730$）。这就意味着在一定范围内，Zn 在水中的浓度越高，在凤眼莲中的含量越高，而底泥中的含量越低，可认为水中的 Zn 更易被凤眼莲吸收，凤眼莲对 Zn 表现出很强的去除能力。对于 Cu 而言，凤眼莲中的含量和水体的浓度之间未表现出明显的统计学相关性，而和底泥中的含量表现出明显（$P<0.01$）的负相关（$r=-0.914$），因此底泥中 Cu 的含量随着凤眼莲中的含量升高而降低。对于 Pb 而言，凤眼莲中的含量与水体中的浓度未表现出统计学相关性，与底泥中的含量存在负相关（$r=-0.971$）。对

于 As 而言，凤眼莲中的含量和水体中的浓度之间存在明显（$P<0.01$）的正相关（$r=0.733$），与底泥中的含量之间存在明显（$P<0.01$）的负相关（$r=-0.902$），表明随着水中 As 的浓度逐渐升高，凤眼莲对 As 的吸收也逐渐加强，使 As 沉积在底泥中的含量降低。对于 Cr 而言，凤眼莲中的含量与水体中的浓度存在明显（$P<0.01$）的正相关（$r=0.567$），与底泥中的含量存在较强（$P<0.01$）的负相关（$r=-0.964$），凤眼莲对 Cr 也表现出较强的吸收、去除能力。对于 Cd 而言，凤眼莲中的含量与水体中的浓度不存在明显的统计学相关关系，而与底泥中的含量存在显著（$P<0.01$）的负相关（$r=-0.917$），随着 Cd 在凤眼莲中富集升高，其底泥中的含量逐渐降低。

因此，水中的 Cr、Zn、As 浓度越高，凤眼莲中的含量也随之升高，对应底泥中的含量也越少，说明凤眼莲能有效地吸收水中的 Cr、Zn 和 As，使沉积在底泥中的重金属含量降低。同时，凤眼莲中的 Cu、Pb 和 Cd 含量升高，也会导致底泥中的重金属含量降低，未与水中对应的重金属浓度表现出相关性。总之，可认为 Cr、Zn 和 As 由水向凤眼莲迁移，使得其向底泥中的迁移量更少。因此凤眼莲可用作修复植物，种植在水生生态系统中减少重金属污染，修复被 Zn、Cr、As 等复合污染的系统。

参 考 文 献

黄永杰, 刘登义, 王友保, 等, 2015. 八种水生植物对重金属富集能力的比较研究[J]. 生态学杂志(5): 541-545.

孙宇婷, 王海云, 张婷, 等, 2016. 武汉东湖水生植物重金属分布现状研究[J]. 长江科学院院报, 33(6): 8-11.

王凤珍, 宋新娟, 徐俊辉, 等, 2014. 墨水湖湖滨带水生植物重金属富集能力研究[J]. 武汉理工大学学报, 36(11): 114-118.

BALKHAIR K S, ASHRAF M A, 2016. Field accumulation risks of heavy metals in soil and vegetable crop irrigated with sewage water in western region of Saudi Arabia[J]. Saudi Journal of Biological Sciences, 23: S32-S44.

BAN X, WU Q, PAN B, et al., 2014. Application of composite water quality identification index on the water quality evaluation in spatial and temporal variations: A case study in Honghu Lake, China[J]. Environmental Monitoring and Assessment, 186: 4237-4247.

BEND J R, 1995. Evaluation of certain food additives and contaminants[J]. World Health

Organization Technical Report, 859: 1.

BEND J, BOLGER M, KNAAP A G, et al., 2007. Evaluation of certain food additives and contaminants[J]. World Health Organization Technical Report Series(947): 1-225.

BRUNDU G, PISTIA STRATIOTES L, 2012. *Eichhornia crassipes* (Mart.) Solms: emerging invasive alien hydrophytes in Campania and Sardinia (Italy)[J]. Bulletin OEPP/EPPO Bulletin, 42(3): 568-579.

BUTA E, PAULETTE L, MIHAIESCU T, et al., 2011. The influence of heavy metals on growth and development of *Eichhornia crassipes* species, cultivated in contaminated water[J]. Notulae Botanicae Horti Agrobotanici Cluj-Napoca, 39: 135-141.

CHANEY R L, 1997. Phytoremediation of soil metals[J]. Current Opinion in Biotechnology, 8: 279-284.

CHANG B R, LI R D, ZHU C D, et al., 2015. Quantitative impacts of climate change and human activities on water-surface area variations from the 1990s to 2013 in Honghu Lake, China[J]. Water-Sui, 7: 2881-2899.

CHENG J L, ZHANG X H, TANG Z W, 2016. Contamination and health risk of heavy metals in vegetables from coal mining area in Huai'nan[J]. Journal of Environmental Health, 33(2): 127-130 .

FAVAS P J C, PRATAS J, RODRIGUES N, et al., 2018. Metal(loid) accumulation in aquatic plants of a mining area: Potential for water quality biomonitoring and biogeochemical prospecting[J]. Chemosphere, 194: 158-170.

GREENFIELD B K, 2007. Mechanical shredding of water hyacinth (Eichhornia crassipes): Effects on water quality in the Sacramento-San Joaquin River Delta, California[J]. Estuaries & Coasts, 30: 627-640.

GUAN B T H, MOHAMAT-YUSUFF F, HALIMOON N, et al., 2018. Mn- and Cd-contaminated wild water spinach: In vitro human gastrointestinal digestion studies, bioavailability evaluation, and health risk assessment[J]. Polish Journal of Environmental Studies, 27: 79-93.

HARGUINTEGUY C A, CIRELLI A F, PIGNATA M L, 2014. Heavy metal accumulation in leaves of aquatic plant *Stuckenia filiformis* and its relationship with sediment and water in the Suquía river (Argentina) [J]. Microchemical Journal, 114: 111-118.

HU Y, 2012. Preliminary assessment of heavy metal contamination in surface water and sediments from Honghu Lake, East Central China[J]. Front Earth Sci-Prc, 6: 39-47.

INGOLE N W, BHOLE A G, 2003. Removal of heavy metals from aqueous solution by water hyacinth (*Eichhornia crassipes*)[J]. Journal of Water Supply Research and

Technology-AQUA, 52: 119-128.

JAYAWEERA M W, KASTURIARACHCHI J C, KULARATNE R K A, 2008. Contribution of water hyacinth (*Eichhornia crassipes* (Mart.) Solms) grown under different nutrient conditions to Fe-removal mechanisms in constructed wetlands[J]. Journal of Environmental Management, 87: 450-460.

KAMARI A, YUSOF N, ABDULLAH H, et al., 2017. Assessment of heavy metals in water, sediment, *Anabas testudineus* and *Eichhornia crassipes* in a former mining pond in Perak, Malaysia[J]. Chemistry and Ecology, 33: 637-651.

KROFLIC A, GERM M, GOLOB A, et al., 2018. Does extensive agriculture influence the concentration of trace elements in the aquatic plant *Veronica anagallis-aquatica*? [J]. Ecotoxicology and Environmental Safety, 150: 123-128.

LI F, CAI Y, ZHANG J D, 2018a. Spatial characteristics, health risk assessment and sustainable management of heavy metals and metalloids in soils from Central China[J]. Sustainability-Basel, 10: 91.

LI F, QIU Z Z, ZHANG J D, et al., 2017. Spatial distribution and fuzzy health risk assessment of trace elements in surface water from Honghu Lake[J]. International Journal of Environmental Research and Public Health, 14: 1011.

LI F, ZHANG J D, LIU C Y, et al., 2018b. Distribution, bioavailability and probabilistic integrated ecological risk assessment of heavy metals in sediments from Honghu Lake, China[J]. Process Safety & Environmental Protection, 116: 169-179.

LI Q, 2016. Adsorption of heavy metal from aqueous solution by dehydrated root powder of long-root Eichhornia crassipes[J]. International Journal of Phytoremediation, 18: 103-109.

MALAR S, SAHI S V, FAVAS P J, et al., 2015. Mercury heavy-metal-induced physiochemical changes and genotoxic alterations in water hyacinths [*Eichhornia crassipes* (Mart.)] [J]. Environmental Science and Pollution Research International, 22: 4597-4608.

MALAR S, VIKRAM S S, FAVAS P J C, et al., 2014. Lead heavy metal toxicity induced changes on growth and antioxidative enzymes level in water hyacinths *Eichhornia crassipes* (Mart.) [J]. Botanical Studies, 55: 11.

MANGAS R R E, GUTIRREZ M, 2004. Effect of mechanical removal of water hyacinth (*Eichhornia crassipes*) on the water quality and biological communities in a Mexican reservoir[J]. Aquatic Ecosystem Health & Management, 7: 161-168.

ODJEGBA V J, FASIDI I O J E, 2007. Phytoremediation of heavy metals by *Eichhornia crassipes*[J]. The Environmentalist, 27(3): 349-355.

ONG H C, MOJIUN P F J, MILOW P, 2011. Traditional knowledge of edible plants among the *Temuan villagers* in Kampung Guntor, Negeri Sembilan, Malaysia[J]. Afr. J. Agric. Res., 6: 1962-1965.

PARKER I M, 1999. Impact: Toward a framework for understanding the ecological effects of invaders[J]. Biological Invasions, 1: 3-19.

PARKER I M, SIMBERLOFF D, LONSDALE W M, et al., 1999. Impact: Toward a framework for understanding the ecological effects of invaders[J]. Biological Invasions, 1(1): 3-19.

PERNA C, BURROWS D, 2005. Improved dissolved oxygen status following removal of exotic weed mats in important fish habitat lagoons of the tropical Burdekin River floodplain, Australia[J]. Mar. Pollut. Bull., 51: 138-148.

PRASAD B, MAITI D, 2016. Comparative study of metal uptake by *Eichhornia crassipes* growing in ponds from mining and nonmining areasa: A field study[J]. Bioremediat Journal, 20: 144-152.

PRIYA E S, SELVAN P S, 2014. Water hyacinth (*Eichhornia crassipes*)–An efficient and economic adsorbent for textile effluent treatment: A review[J]. Arabian Journal of Chemistry, 10(2): 3548-3558.

PRIYA P, NIKHITHA S O, ANAND C, et al., 2018. Biomethanation of water hyacinth biomass[J]. Bioresource Technol, 255: 288-292.

SYTAR O, BRESTIC M, TARAN N, et al., 2016. Plants used for biomonitoring and phytoremediation of trace elements in soil and water[M]//Plant Metal Interaction Emerging Remediation Techniques. New Jersey: Elsevier.

TING W H T, TAN I A W, SALLEH S F, et al., 2018. Application of water hyacinth (*Eichhornia crassipes*) for phytoremediation of ammoniacal nitrogen: A review[J]. Journal of Water Process Engineering, 22: 239-249.

TIWARI S, DIXIT S, VERMA N, 2007. An effective means of biofiltration of heavy metal contaminated water bodies using aquatic weed *Eichhornia crassipes*[J]. Environmental Monitoring and Assessment, 129: 253-256.

VILLAMAGNA A M, MURPHY B R, 2010. Ecological and socio-economic impacts of invasive water hyacinth (*Eichhornia crassipes*): A review[J]. Freshwater Biology, 55: 282-298.

WANG X, SATO T, XING B, et al., 2005. Health risks of heavy metals to the general public in Tianjin, China via consumption of vegetables and fish[J]. Science of The Total

Environment, 350: 28-37.

WANG Y, QIAO M, LIU Y, et al., 2012. Health risk assessment of heavy metals in soils and vegetables from wastewater irrigated area, Beijing-Tianjin city cluster, China[J]. Journal of Environmental Science, 24: 690.

YAO L, CHEN C R, LIU G H, et al., 2018. Sediment nitrogen cycling rates and microbial abundance along a submerged vegetation gradient in a eutrophic lake[J]. Science of The Total Environment, 616: 899-907.

YUAN L X, 2013. Spatial and temporal variations of organochlorine pesticides (OCPs) in water and sediments from Honghu Lake, China[J]. J Geochem Explor, 132: 181-187.

ZHANG J D, ZHU L Y, LI F, et al., 2017. Heavy metals and metalloid distribution in different organs and health risk assessment for edible tissues of fish captured from Honghu Lake[J]. Oncotarget, 8: 101672-101685.

ZHANG Q Z, WEI Y, HAN H, et al., 2018. Enhancing bioethanol production from water hyacinth by new combined pretreatment methods[J]. Bioresource Technology, 251: 358-363.

ZHANG T, 2016. Spatial Relationships between Submerged Aquatic Vegetation and Water Quality in Honghu Lake, China[J]. Fresen. Environ. Bull., 25: 896-909.

ZHENG H, 2017. Source apportionment of polycyclic aromatic carbons (PAHs) in sediment core from Honghu Lake, central China: Comparison study of three receptor models[J]. Environmental Science and Pollution Research, 24: 25899-25911.

ZHUANG M Q, 2017. Health risk assessment of rare earth elements in cereals from mining area in Shandong, China[J]. Scientific Reports-UK, 7: 6.

ZIMMELS Y, KIRZHNER F, MALKOVSKAJA A, 2007. Advanced extraction and lower bounds for removal of pollutants from wastewater by water plants[J]. Water Environment Research, 79: 287-296.

第七章　洪湖重金属人体健康基准

综合考虑饮水和（或）食用鱼类暴露途径，从而制定洪湖水质人体健康参照浓度具有重要的管理学意义。本章主要是基于《人体健康水质基准制定技术指南》（HJ 837—2017），采取最终营养级法和决策树法，综合评定暴露情景下洪湖水质人体健康基准浓度。

第一节　人体健康水质基准

自 20 世纪 60 年代以来，欧美发达国家陆续开展了水质标准的研究工作，并颁布了一系列基于人体健康风险的水质标准的导则和技术支持文件。2009 年美国国家环境保护局公布了水生生物基准（aquatic life criteria，ALC），2001 年荷兰公布了环境风险限值（ERLs），2003 年欧盟公布了预测无效应浓度（PNECs）（冯承莲 等，2012）。相比国外，我国相关研究与法规制定工作起步较晚，2017 年环境保护部颁布并且施行的《人体健康水质基准制定技术指南》（HJ 837—2017），规定要以保护人体健康为目的，对地表水和可提供水产品的淡水水域中的污染物进行风险表征，并计算水质基准。相比于《地表水环境质量标准》（GB 3838—2002），该指南强调本土暴露模式下污染物的生物富集与造成的不良健康效应（朋玲龙 等，2014）。人体健康水质基准的制定主要包括：①数据收集与评价；②本土参数确定；③基准推导；④水质基准审核。具体的基准制定流程如图 7.1 所示。

目前该方法已经应用于黄浦江 Pb（李佳凡 等，2018），我国水体中萘（于紫玲 等，2020），16 种 PAHs（Chen et al.，2020）和太湖双酚 A、双酚 AF、双酚 S（艾舜豪 等，2020；陈金 等，2019）的管理研究中，研究案例较少。非致癌效应和致癌效应的水质基准计算公式分别为

$$\mathrm{AWQC_{nc}} = \mathrm{RfD} \times \mathrm{RAC} \times \left[\frac{\mathrm{BW} \times 1\,000}{\mathrm{IR} + \sum_{i=2}^{4} (\mathrm{FI}_i - \mathrm{BAF}_i)} \right] \tag{7.1}$$

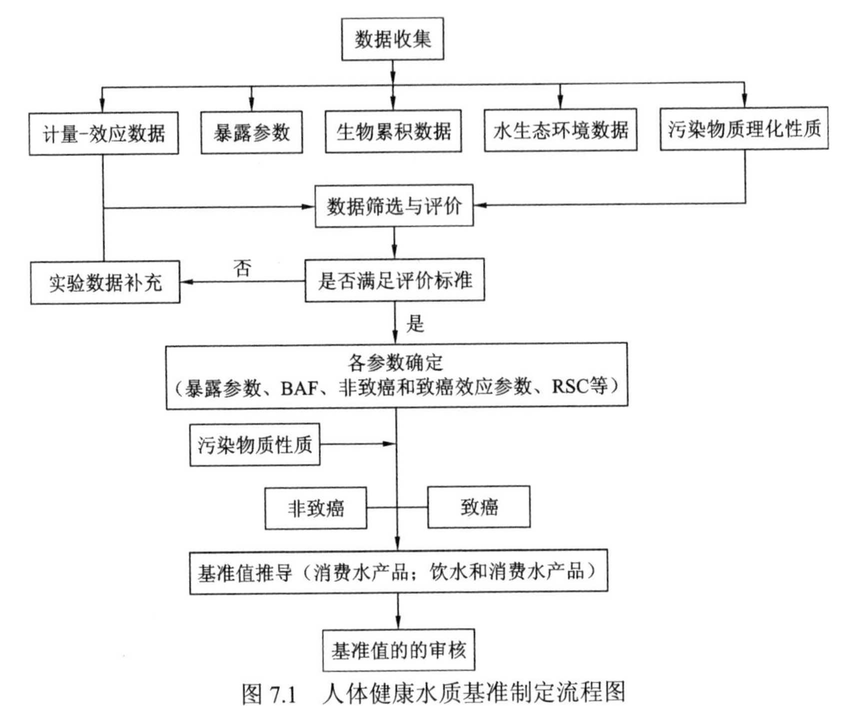

图 7.1　人体健康水质基准制定流程图

资料来源：《人体健康水质基准制定技术指南》（HJ 837—2017）

$$\mathrm{AWQC_{Cr}}=\frac{\mathrm{TICR}}{\mathrm{SF}}\times\left[\frac{\mathrm{BW}\times 1\,000}{\mathrm{DI}+\sum_{i=2}^{4}(\mathrm{FI}_i\times\mathrm{BAF}_i)}\right]\tag{7.2}$$

式中：$\mathrm{AWQC_{nc}}$ 为非致癌物的水质基准（nc 为 non-cancer，指非致癌物），$\mathrm{AWQC_{Cr}}$ 为致癌物 Cr 的水质基准，ug/L；RAC 为相关源贡献率，%；BW 为人体体重，kg；DI 为饮用水水量，L/d。只考虑消费水产品暴露途径时，该参数缺省；FI_i 为不同营养级 $i(i=2, 3$ 和 $4)$对应的水产品摄入量，kg/d；BAF_i 为最终营养级的生物富集系数，为污染物在某一营养级 i 生物中的 BAF，L/kg；RfD 为参考计量，mg/（kg·d)；TICR 为目标增量致癌风险；SF 为致癌斜率因子，kg·d/mg。

第二节　生物富集系数

Cd、Pb、As、Cr、Cu、Zn 中，Cd、Pb、As 和 Cr 除考虑非致癌毒

性外，还需要考虑其致癌毒性。而重金属元素常与其他元素结合形成化合物，包括无机化合物和有机金属化合物，已有研究指出上述 6 种重金属在食物网中未见明显变化趋势（李云凯 等，2019；韦丽丽 等，2016；余杨 等，2013）。对于生物放大作用不显著的重金属，采取实验室生物富集系数替代生物累积系数来核算人体健康水质基准。生物富集系数（BCF），表示为平衡时因接触（不包括饮食摄入）而在生物体中富集的污染物含量与其所在水中的污染物浓度之比，单位为 L/kg。生物累积系数（biological accumulation factor，BAF）是指平衡时由环境暴露（包括饮食摄入）引起的生物体内污染物的累积浓度与其所在水体中污染物的浓度之比。最终营养级生物累积系数为上述污染物在某一营养级生物中的 BAF。实验室生物富集系数的计算公式为

$$\mathrm{BCF}=C_t/C_w \tag{7.3}$$

式中：C_t 为污染物在特定组织中的质量分数，mg/kg；C_w 为污染物在水中的质量浓度，mg/L。

在人体健康水质基准的制定中，需要按照不同营养级来进行 BCF 的统计。本节中研究的鱼类与营养级对应关系如表 7.1 所示。可以看出，洪湖主要分布的鱼类中，第三营养级的鱼类种类较多，为了降低水质基准在计算过程中的不确定性，采用三角模糊数，对各营养级鱼类重金属数据和水体中重金属浓度进行模糊化，具体三角模糊数计算过程见第三章第二节。另外前文提到鱼类中 As 的含量低于检出限，故 As 不参与人体健康基准的研究。各种鱼类 BCF 模糊区间数（a=0.9）结果如表 7.2 所示。

表 7.1　鱼类基本信息

鱼类	食性	样品数	体长/cm	质量/g	营养级
草鱼	食草	8	32.2～38.9	550～601	二级
鳙鱼	滤食	8	37.1～41.8	751～796	三级
鲫鱼	杂食	8	18.4～22.6	161～189	三级
黄颡鱼	食肉	24	19.3～23.7	59～82	三级
鳜鱼	食肉	8	29.3～33.7	525～570	四级

表 7.2　鱼类在置信区间为 0.9 时 BCF 模糊数截集　（单位：L/kg）

鱼类	营养级	Cd	Pb	Cr
草鱼	二级	[20.9, 24.5]	[2.7, 4.1]	[251.3, 407.8]
鳙鱼	三级	[63.0, 77.9]	[20.6, 26.2]	[335.4, 445.0]
鲫鱼	三级	[51.9, 73.3]	[23.2, 28.7]	[1746.9, 2193.7]
黄颡鱼	三级	[33.4, 51.5]	[30.7, 41.8]	[174.5, 261.4]
第三级平均		[49.4, 67.6]	[24.8, 32.2]	[752.3, 966.7]
鳜鱼	四级	[39.3, 56.7]	[15.8, 21.0]	[832.5, 1174.3]

注：第三级平均是指营养级为三级的鱼类（鳙鱼、鲫鱼、黄颡鱼）的平均值

第三节　计 算 结 果

前文中水质基准所需参数均有体现，所需参数如表 7.3 所示。考虑鱼和水质达标情况，现阶段洪湖重金属污染较轻，该体系下食用饮用水和鱼类导致的健康风险并不会显著高于其他环境介质造成的重金属暴露风险。所以在核算洪湖水体人体健康水质基准时，对于非致癌风险的风险贡献率，本小节采用 50%。而鱼类每日摄入率总计为 0.054 33 kg/d，根据李佳凡等（2018）提供的第二、三、四营养级摄入率之间的比例，对总 FI 进行同比例分配。

表 7.3　参数表

参数	单位	取值
RSC	%	50
TICR		一般居民取值为 1.0×10^{-6}；渔民钓客取值为 1.0×10^{-4}
FI	kg/d	0.05433；二、三、四营养级分别为 22.74、18.05、13.54
BW	kg	[60.66, 62.52]
IR	L/d	[1.83, 2.13]
SF	$[\text{mg/（kg·d）}]^{-1}$	Cd 取值为 0.38；Pb 取值为 0.0085；Cr 取值为 0.5
RfD	mg/（kg·d）	Cd 取值为 0.001；Pb 取值为 0.004；Cr 取值为 0.003

综上所述，洪湖 Cd、Pb 和 Cr 的人体健康水质基准如表 7.4 所示。整体来看，AWQC 相比于地表水 III 类标准和饮用水标准更加严格。而基于致癌风险的 AWQC 要比非致癌风险管控下的 AWQC 更加严格。高暴露人群如渔民和钓客，因为目标增量致癌风险设定较高为 1.0×10^{-4}，其对应的水质基准相应较为宽松。具体来看，综合饮水和鱼类消费，现阶段 Cd 的污染基本可以接受，但是对于主要人群，Cd 污染仍较高，两者造成的致癌风险的增加可能会超过一般居民的目标增量致癌风险 TICR。而对于 Pb 而言，现阶段的污染水平略高于一般居民的 $AWQC_{Cr}$。而 Cr 的情况较为复杂，非致癌水质基准显示现阶段污染水平基本可接受。而致癌风险则要求水体中 Cr 浓度需要控制在极低水平，这可能与本节采取六价铬致癌因子已达到过保护效果有关。故现阶段污染物水平虽然满足了非致癌水质基准，但是为了保护一般居民的饮水和鱼类消费的安全与健康，进一步控制污染物浓度，尤其是 Cd 浓度，同时必须严防工业废水的排放，洪湖水体中不得检出六价铬。

表 7.4 人体健康水质基准结果 （单位：μg/L）

水质基准类别	Cd	Pb	Cr
$AWQC_{nc}$	[6.49, 8.38]	[39.21, 48.95]	[2.03, 2.89]
$AWQC_{Cr}$（一般居民）	[0.03, 0.04]	[2.31, 2.67]	[3.9×10^{-3}, 2.7×10^{-3}]
$AWQC_{Cr}$（渔民和钓客）	[3.41, 4.41]	[231.1, 266.9]	[0.39, 0.27]
地表水 III 类标准	5	50	50
饮用水标准	5	10	50
现阶段水质区间	0.14±0.05	3.42±1.15	1.63±0.97

参 考 文 献

艾舜豪, 李霁, 王晓南, 等, 2020. 太湖双酚 A 的水质基准研究及风险评价[J]. 环境科学研究, 33(3): 581-588.

陈金, 王晓南, 李霁, 等, 2019. 太湖流域双酚 AF 和双酚 S 人体健康水质基准的研究[J]. 环境科学学报, 39(8): 2764-2770.

冯承莲, 吴丰昌, 赵晓丽, 等, 2012. 水质基准研究与进展[J]. 中国科学: 地球科学, 42(5): 646-656.

李佳凡, 姚竞芳, 顾佳媛, 等, 2018. 黄浦江铅的人体健康水质基准研究[J]. 环境科学学报, 38(12): 4840-4847.

李云凯, 张瑞, 张硕, 等, 2019. 基于碳氮同位素技术研究重金属在春季江苏近海食物网中的累计[J]. 应用生态学报, 30(7): 2415-2425.

朋玲龙, 王先良, 王菲菲, 等, 2014. 国外水质健康基准的研究进展及其对我国基准制订的启示[J]. 环境与健康杂志, 31(3): 276-279.

韦丽丽, 周琼, 谢从新, 等, 2016. 三峡库区重金属的生物富集、生物放大及其生物因子的影响[J]. 环境科学, 37(1): 325-334.

于紫玲, 侯云波, 马瑞雪, 等, 2020. 保护人体健康的萘水质基准研究[J]. 中国环境科学, 40(7): 3010-3019.

余杨, 王雨春, 周怀东, 等, 2013. 三峡库区蓄水初期大宁河重金属食物链放大特征研究[J]. 环境科学, 34(10): 3847-3853.

CHEN J, FAN B, WANG X N, et al., 2020. Development of human health ambient water quality criteria of 12 polycyclic aromatic hydrocarbons (PAH) and risk assessment in China[J]. Chemosphere, 252, 126590.

第八章　洪湖重金属风险管理对策与展望

本章基于对洪湖水体、沉积物、食用鱼类和典型水生植物中重金属的含量分析、空间污染格局分析、健康风险评价，有针对性地提出“国家指导、标准升级、精准治理、富集风险、系统管控、部门协同”等关于洪湖水环境中重金属风险管理的对策和展望。

一、国家指导：建立和完善环境健康风险管理制度

国家政策引领与法制规范对地方管理具有极大的指导作用。但是目前我国环境健康风险管理体系仍待完善，现有的标准体系和工作积累不足以应对现阶段日益加剧的环境健康风险问题。该体系的发展经历了以下过程：1979 年《中华人民共和国环境保护法（试行）》的正式颁布将环境保护提升到了法律层面；2008 年我国成立了主要职能为研究制定国家环境与健康管理工作方针、政策，以及协调解决国家环境与健康工作重大问题的国家环境与健康工作领导小组；2014 年通过了《中华人民共和国环境保护法（2014 修订版）》，环境保护成为公众关注焦点，环境风险管理与时俱进，开始为建设美好中国而服务；2017 年公布《国家环境保护“十三五”环境与健康工作规划》，提出建立环境与健康监测、调查和风险评估制度及标准体系是我国现阶段环境与健康风险管理的规划目标；2019 年 7 月，国务院印发《国务院关于实施健康中国行动的意见》，成立健康中国行动推进委员会，出台《健康中国行动组织实施和考核方案》；2021 年，《关于统筹和加强应对气候变化与生态环境保护相关工作的指导意见》发布，提出促进应对气候变化与环境治理、生态保护修复等协同增效的愿景。

我国环境健康风险管理体系的建立应以国家政策引领与法制规范为依据，综合考量环境健康管理的特点，形成全社会共同遵守的法律、规章、条例等制度，以指导和规范环境健康风险管理工作。

二、标准升级：环境健康驱动标准升级

现行相关环境介质的质量标准与环境健康管理工作的需求存在一些不相匹配的问题。例如，洪湖水体中重金属浓度没有超过饮用水标准限值及地表水 III 类标准，但其综合致癌风险值可能已超过最大接受风险限值。

目前地表水环境质量标准和饮用水卫生标准以水质指标浓度作为指导，即所有水质指标未超标均视为合格。事实上，人体暴露于环境中有害物质的健康风险水平是由多种因素决定的，如环境中有害物质的浓度、毒性、接受人群的暴露特征等。人体接触高浓度环境有害物质容易被发现，而长期接触低浓度有害物质不易被发现，但是危害可以逐渐积累。因此，有必要将环境污染物浓度与健康风险评估相结合来判断饮用水的安全性。另外，饮用水的标准不是固定的，通常是随着科技的进步、生活环境的变化而更新的，以适应时代的需要。因此，将环境健康风险纳入环境标准和饮用水卫生标准体系，加大对环境污染物健康风险的预测、评估和管理，对保障用水安全和维护居民健康至关重要。

三、精准治理：层次管理下首要污染物与优先控制区

水体污染方面，虽然水体中重金属并未超过地表水水质 III 类标准和饮用水标准，但是根据本书中洪湖水体重金属的模糊健康风险评价结果，三角模糊数的引入使确定性的均值浓度下污染物的健康风险融入了极值造成的影响，从而反映出虽然洪湖整体水体健康风险处于可接受范围，但是洪湖局部区域仍需要加强管控。例如，结果显示砷致癌与非致癌风险相对较高，确定性评价下非致癌风险为 0.103，致癌风险超过 10^{-5}，将其定为主要环境风险污染物，建议确定砷为优先控制的水体污染物。而通过空间分析，建议划定洪湖的湖心茶坛岛及采样点 S16 周边区域为主要风险区域，同时，应定期跟踪监测洪湖周边人群的行为模式和暴露特征，并持续收集相关人群的参数信息，以获取环境污染物暴露对受纳者的健康风险水平的动态变化及长期发展趋势。另外建议改善岛民与湖岸居民生活饮用水条件，建立自来水设施，降低湖水中重金属经口摄入的风险。

沉积物方面，本书通过多种方法评价了洪湖沉积物中重金属污染情况，Cd 具有明显较高的地累积指数、生态风险和生物毒性，同时含有可氧化态成分占比较高的 Cu，考虑生物可利用性，建议联合 Cd 和 Cu 进行优先控制，分别确定了北洪湖的东区（S1）、南洪湖的中区（S4、S5、S6、S9 和 S12）和洪湖出口（S10）附近区域与南洪湖（S1、S11、S12 和 S14）附近区域为优先控制区域。

四、富集风险：重金属生物富集与健康风险管理

洪湖作为我国水产鱼类的重要养殖区，鱼类富集重金属的风险表征和管理具有重要的现实意义，本书引入日本管理大师石川薰所制的鱼骨图

（Ishikawa 图），用以评价与管理居民食用洪湖野生鱼和养殖鱼的健康风险。用鱼骨图对问题提供合理解决方案的步骤为：发现根本问题—找到主要原因—制订具体对策。该方法适用于定性分析，广泛运用于项目管理、质量管理、企业管理等领域中。

目前广泛使用的鱼骨图主要有三种，包括原因型鱼骨图、问题型鱼骨图及对策型鱼骨图。问题型鱼骨图主要用于总结管理中存在的所有问题（Q_1～Q_n），然后用鱼骨图以结构化的方式呈现。子问题和主问题没有因果关系。因果鱼骨图基于问题型。根据问题型鱼骨图整理出的具体问题，分析溯源，找出具体原因（R_1～R_n）。对策型鱼骨图以原因型鱼骨图为基础，针对一个问题的具体原因找出相应的对策集，依据具体对策的可行性、重要性、投入产出比等，提出针对每个问题的对策（S_1～S_n）。本书为寻求具体的对策来控制吃鱼者的健康风险，有必要依次建立相应合集。

首先，将主要问题设定为“根据 THQ、CR 和 EWI 的计算结果，食用鱼类存在重大健康风险”。然后，根据 THQ、CR、EWI 的相关计算公式及判定方法，将主问题分解为 5 个子问题：食物中重金属含量过高；食物摄入量过多；人群平均暴露频率过高；人群平均暴露时间过长；人群平均体重偏小。最后，分析每个子问题的主要原因：人群平均暴露频率过高，可能是由居民每年吃鱼天数过多造成；人群平均暴露时间过长，可能是由居民长期吃鱼造成；食物摄入量过多可能是由于居民饮食结构相对简单，不注重饮食均衡；食物中重金属含量偏高，可能是因为一些鱼类生活的水环境中重金属浓度过高而鱼类对重金属的富集能力较强；人群平均体重偏小，可能是因为研究群体多为老人和孩子。

综上所述，有必要从 4 个方面对食用鱼类的风险进行管理和控制：一是针对敏感人群（如老人、儿童和渔民）单独建立健康风险评估体系；二是普查鱼类重金属富集能力，划分食用鱼类与环境敏感鱼类；三是划定鱼类消费上限，研究最佳吃鱼方案；四是加强对水环境的监管，日常对重金属进行监测。具体对策型鱼骨图如图 8.1 所示。基于此，本节提出以下 4 点建议。

（一）建立敏感人群健康风险评估体系

体重（FIR）和鱼消费量（WAB）是三种健康风险评估方法中的重要参数，如靶器官危害系数法、预计每周摄入法和致癌风险法。因此，基于以上三种评价方法，可认为体重轻、食用鱼量大的人群为健康风险高的敏感人群。通过单独调查敏感人群的基本参数，计算和评估该人群的健康风险，以达到有效预警的效果。

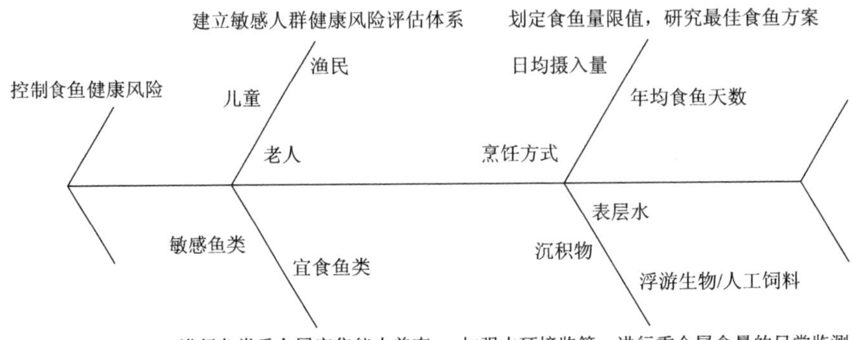

图 8.1　控制食鱼健康风险的对策型鱼骨图

由于老人和儿童体重轻，其健康风险较敏感，需要对他们的体重及鱼肉食用量、食用频率、食用年限（平均暴露时间）等评估参数进行普查。最后根据实际调查到的暴露参数，建立独立的健康风险评估体系。渔民的鱼类消费和频率高于普通居民，对健康风险也很敏感，所以还需对渔民的食鱼参数进行全面调查，并建立一个独立的健康风险评估系统。

（二）进行鱼类重金属富集能力普查

相同水域中，不同种类的鱼对特定重金属的富集能力存在差异。如在本书中养殖鲫鱼和野生鲫鱼对铬的富集能力都很强，与研究的其他鱼类相比，这两种鱼对铬非常敏感。食物中的重金属被鱼类摄入后富集在鱼肠等组织中。沉积物或水中溶解的重金属首先在鱼鳃、鱼鳞、鱼皮等组织中富集，接着由离子交换和血液传递富集在鱼鳔、肝脏、鱼肉等组织中。另外，鱼可以在相对较大的范围内游泳，生命周期长。因此，鱼类可在一定范围内表征湖泊健康状况。扩大研究样本，调查不同鱼类的重金属富集能力，划定对不同重金属高度敏感的鱼类物种，将重金属敏感鱼类作为湖泊水环境健康风险管理和控制的指示生物，是一种尝试和推广。

相同水域中，相同种类的鱼对不同重金属的富集能力也存在差异。因此，普查鱼类重金属富集能力可帮助大众知悉食用鱼类风险，同时兼顾口感和经济性，挑选食用健康风险低的鱼类。

（三）划定食鱼量限值，研究最佳食鱼方案

对鱼体中重金属含量的限量标准，普通居民可能缺乏明确的概念，如果将重金属摄入的标准限量纳入健康风险评估模型计算鱼类食用限量，可以让居民对日常鱼类食用有一个直观的体会，从而通过自我合理规划来管理鱼类食用的健康风险。

根据致癌风险法，洪湖野生鱼类的日摄入量限值为 14396 g，其中内脏的日摄入量限值为 340 g；根据靶器官损害系数法，洪湖野生鱼类的日摄入量限值为 1183 g，其中内脏的日摄入量限值为 396 g；根据预计每周摄入法，洪湖野生鱼类的日摄入量限值为 68 g，其中内脏的日摄入量限值为 186 g。而根据所述计算方法，洪湖野生鱼类的最低日摄入量限值为 68 g，洪湖野生鱼类内脏的最低日摄入量限值为 186 g。同样，根据靶器官损害系数法，洪湖鱼类和内脏的日摄入量限值为 1018 g，以预计每周摄入量为基准，洪湖鱼类和鱼杂的日摄入量限值为 3684 g。因此，洪湖鱼类和鱼杂的最低日摄入量分别为 465 g 和 425 g。

此外，根据致癌风险法和靶器官危害系数法的计算结果，居民食用养殖鱼的健康风险高于食用野生鱼。而根据预计每周摄入法，食用野生鱼类比养殖鱼类的健康风险更高。因此，有关部门应在尊重当地饮食习惯的同时，分析探寻野生鱼和养殖鱼的消费比例并建议合适的烹饪方法。例如，低水分烹饪可以降低重金属在人体内的生物可利用度，并有效降低重金属通过摄入造成的健康风险，以供最大限度地控制食用鱼类的健康风险。还可根据不同的流域对食用鱼类的健康风险进行评估，并提出个性化建议，如洪湖居民可选择主要食用野生鱼或养殖鱼内脏，以减少吃鱼的健康风险。

（四）加强水环境监管，进行重金属含量的日常监测

实施定期对水环境的监测。监测对象包括水体、表层沉积物和鱼饲料的重金属含量。水环境中存在与暴露的微量的重金属，可在沉积物中产生较强的积累效应，将直接影响底栖生物或低等鱼类体内的重金属含量，再者通过湖水的振荡对水体造成二次污染。另外，鱼类摄食含重金属浮游生物或人工饲料后可在鱼肠等组织中富集。因此，若水环境中存在与暴露的重金属含量超标，就会在鱼体内富集，然后通过食物链的富集作用最终在人体内大量积累，从而增加人体健康风险。综上所述，需要定期对水体、沉积物、鱼饲料的重金属含量进行监测。若发现超标现象，需及时处理，同时可以通过种植可富集吸收重金属的植物等生态手段，以降低水体和沉积物中的重金属含量。

五、系统管控：基于迁移转化划定洪湖人体健康水质红线

生物富集效应可以放大环境介质中重金属对人体的健康风险。例如，水、沉积物与植物的重金属富集存在相关关系，表现为水体中重金属浓度

与凤眼莲的重金属富集呈正相关，而凤眼莲的富集作用与沉积物的重金属分布呈负相关，即沉积物-水-凤眼莲存在重金属的迁移转化路径。而通过实验室形态提取，重金属各形态组分中，除主要组分残渣态外，可氧化态等形态的占比不容忽视，特别是Cd的弱酸溶解态与Pb、Cu的可氧化态。最终从健康风险的角度来看，水中重金属对人体总的致癌风险为3.66×10^{-5}，而通过生物富集，凤眼莲叶子中重金属对成人和儿童的致癌风险均高于1×10^{-3}。虽然本书通过模糊综合评价法，将沉积物重金属的生物可利用性耦合到生态风险评价模型中，从而进行基于迁移机理修正下的潜在生态风险评价研究（模糊综合风险评价）。但是，要想做到洪湖重金属可持续的风险管控，长期的系统监测分析是必要的，即要开展洪湖水环境多介质系统管理。上述研究提出，As是水质优先控制污染物，沉积物中Cd和Cu为优先控制污染物，而对于鱼类而言，虽然多种评价结果在细节上存在差异，但多种评价结果显示Pb和Cr需要重点关注。由于重金属元素自身理化性质的差异，无机环境到有机环境最终通过食物链影响人体健康的结果可能存在元素差异，所以系统的监测还需要系统的评价与管理体系。目前该方向的研究是缺乏的，但是在生态文明与健康中国建设的大背景下，该方向的研究又是极其需要的。具体而言，建议洪湖相关管理部门对污染物的生物富集、水生态环境变化与洪湖地区居民污染物暴露情况进行长期的数据管理，综合剂量反应数据与污染物理化性质，划定基于洪湖水功能定位的人体健康水质基准红线。

六、部门协同：统一规划齐抓共进打造洪湖品牌

洪湖的管理需要多部门协同管理，而具体管理的实施，则是要避免“多龙治水”，同一问题政出多门，相似问题权责不清。在深入学习“绿水青山就是金山银山”理论，贯彻落实湖长制的背景下，洪湖相关部门应部门协同，组建洪湖环境与健康相关工作专委会/领导小组。多规合一，制订洪湖发展规划，统一环境、农业、渔业、卫生等标准与工作要求。基于研究分析结果，齐抓共进，进一步提升洪湖环境质量，系统性降低环境健康风险，并以此为依托，发展洪湖生态产业，提升品牌价值。具体而言，基于本书分析结果与实地调研，建议从以下6个方面加强洪湖的管理。

第一，控制水产养殖污染排放。水产养殖是洪湖市的重要产业，而该产业近年已逐渐成为洪湖水污染的主要来源之一。水产养殖过程中，投放的鱼药和饵料中存在一定的重金属，会进入水环境造成污染；同时，洪湖中普遍的围网养鱼模式会阻碍污染物在水环境中的扩散，降低水体的自净

能力。所以，加强对水产养殖污染的控制可以有效地防治洪湖水污染。洪湖地区主要的鱼类养殖模式是湖中围网养殖和鱼塘养殖。为了加强对洪湖湿地的生态保护，荆州市人民政府规定，从 2017 年 1 月 1 日起，拆除洪湖所有渔业围网，并且严令禁止在湖中开展围网养殖，以减少水产养殖过程对水体造成污染。鱼塘养殖对洪湖水质的影响主要体现在每年定期排放废水，主要是未充分利用的饵料、鱼药和水产养殖生物的排泄物。对于这部分废水：一方面要加强大型鱼塘的污水处理设施建设，养殖废水必须经过初步处理后才能排入河网系统；另一方面要发展高产低投入的养殖模式，引导农民科学投放饲料，大力推广标准化健康的生态养殖技术，降低饲料、鱼药的浪费。

第二，控制上游生活污水和工业农业废水的排放。洪湖作为四湖的水域交汇处，从四湖流域中上游地区接收了大量的生活污水和工业废水。尤其是荆州市通过四湖总干渠排入洪湖的废水，对洪湖水质的管理与保护构成了巨大的潜在威胁，所以应加强对洪湖上游重点工业污染源的整治，加强对城市生活污水的集中处理并且严格控制入湖废水量。对于农村生活污水，洪湖地区基础处理设施建设发展缓慢及污染处理技术相对落后，很多农村生活污水、人粪尿及固体废弃物缺乏集中收集场所。地方政府应倡导加快建设绿色农村清洁工程，推进农村生活污水和废弃物的资源化转化和综合利用，建立并完善农村生活垃圾分类收集及综合运输系统，除此之外还应该采用适当的农村生活垃圾处理技术，例如有机垃圾堆肥处理、不可降解垃圾填埋处理等。而对于当地生活污水的控制和处理，有许多新兴技术可以利用。例如低能耗分散式污水处理技术、源头控制技术、污水集中处理技术、户用沼气池技术。

第三，限制农业活动中污染物的产量。农业生产中广泛被使用的薄膜、化肥、农药等均含有一定的重金属。农药及化肥施用量过高、施肥结构不合理、薄膜胡乱弃置等不当的农业耕作措施，会造成多余残留的肥料、农药、微塑料随着回水流入洪湖河网。

为了控制农业活动中产生的污染物，一方面，要改变农业生产要素使其合理科学化。例如：调整农业种植布局和比例；优化肥料的市场投放结构，制定科学的施肥方法；推广土壤有机质改良和农田测土配方施肥等农业技术，提高土壤肥力；政府还可以通过财政适当补贴有机肥的生产和推广。另一方面，当地政府可以加快建设农业清洁生产及生态工程，例如修筑农田排水沟，减少农田地表径流。在洪湖及其辐射的河流附近修建人工湿地、植物缓冲带等生态区。

第四，推进洪湖地区环境健康风险监测和自动预警系统建设。2015 年环境保护部发布的《生态环境监测网络建设规划》中明确指出，要加快建设生态监测网络。并对监测网络的分布、组网和自动预警提出了具体实施要求。洪湖可以参考规划的基本思路和原则，制订详细的工作目标，完成各项工作任务，推进与加强生态环境和健康风险监测网络系统建设。在监测网络中为提升其资源利用率，主要监测点设置和污染物监测都要有针对性。

第五，加强洪湖自然保护区的分区管理。按照《国务院关于印发“十三五”生态环境保护规划的通知》及荆州市人民政府发布的《洪湖市畜禽养殖区域划分调整方案》（洪政办发〔2018〕31 号），洪湖水域被分为核心区、缓冲区和实验区三个区域。该管理方法禁止在核心区和缓冲区建设生产设施。如果要进入核心区开展活动，必须经省级湿地保护部门批准；禁止在实验区开展一切破坏生态环境和自然资源的活动。此外，2017 年荆州市人民政府还颁布了政策，在整个保护区禁止任何形式的捕捞作业。相关部门应在洪湖管理过程中明确分区界限和各区域的管理控制要求。同时，建议根据茶坛岛周边的污水排放情况和水质情况，合理设置居民取水口。根据本书的风险评价结果，茶坛岛东部和南部水域重金属风险水平相对较低，而南部是洪湖自然保护区的核心区。建议在该区域设置取水口更安全。同时还要加强取水口附近地区的生态保护，提高水质监测频率，以确保饮用水安全。

第六，推广和普及环境与健康的科学知识。环境污染是由许多因素造成的。对于洪湖而言，其污染物来自水产养殖、工业废水和生活污水排放、农业生产活动等，成因复杂。根据《关于进一步加强环境保护科学技术普及工作的意见》《中国公民环境与健康素养（试行）》等文件，洪湖地方政府部门要充分利用现有通信技术和资源，大力普及环境与健康的知识和技能。广泛通过微信公众号、短视频、广告牌等媒体渠道传播环境有关健康信息，让居民认识到不适宜的农业生产、畜禽养殖、渔业养殖、生活污水排放等，会直接或间接导致水质恶化。同时，使公众更加深刻认识到环境健康与公众生活之间的密切关系，从而提高其环保和自我健康保护的意识。

附　　录

附表 1　洪湖水体中重金属的含量　　（单位：μg/L）

参数	重金属含量					
	Zn	Cu	Cd	Cr	As	Pb
均值	20.45	3.09	0.14	1.63	0.99	3.42
最大值	67.51	6.66	0.25	4.56	1.54	5.63
最小值	4.26	1.55	0.06	0.65	0.63	1.91
标准差	15.88	1.46	0.05	0.97	0.25	1.15
检测限	5	1	0.05	0.1	0.05	0.44
标准限值 [a]	1 000	1 000	5	50	50	50
标准限值 [b]	1 000	1 000	5	50	10	10

a《地表水环境质量标准》（GB 3838—2002）的 III 类水标准；b《生活饮用水卫生标准》（GB 5749—2006）

附表 2 洪湖水体中重金属浓度的三角模糊数 （单位：μg/L）

采样点	三角模糊数					
	Zn	Cu	Pb	Cd	Cr	As
S1	（7.013, 7.320, 7.627）	（5.842, 6.420, 6.998）	（2.738, 3.405, 4.073）	（0.160, 0.161, 0.162）	（1.300, 1.742, 2.184）	（0.407, 0.741, 1.075）
S2	（25.162, 27.410, 29.658）	（5.979, 6.658, 7.337）	（4.259, 4.302, 3.345）	（0.132, 0.181, 0.230）	（2.842, 2.877, 2.912）	（0.788, 0.818, 0.848）
S3	（21.010, 22.310, 23.620）	（4.061, 5.154, 6.247）	（4.938, 5.069, 5.201）	（0.215, 0.232, 0.149）	（1.910, 1.922, 1.934）	（0.676, 0.714, 0.753）
S4	（66.160, 67.510, 68.860）	（2.498, 2.800, 3.102）	（2.390, 2.495, 2.600）	（0.089, 0.102, 0.114）	（1.288, 1.314, 1.340）	（1.526, 1.540, 1.554）
S5	（4.043, 4.265, 4.487）	（2.132, 2.672, 3.212）	（4.788, 5.632, 6.477）	（0.183, 0.184, 0.185）	（1.065, 1.105, 1.144）	（1.273, 1.427, 1.582）
S6	（13.715, 15.410, 17.105）	（3.351, 3.358, 3.365）	（2.974, 3.403. 3.832）	（0.198, 0.200, 0.201）	（3.132, 3.262, 3.392）	（1.039, 1.050, 1.061）
S7	（9.288, 9.615, 9.942）	（2.913, 3.510, 4.107）	（4.820, 4.928, 5.037）	（0.091, 0.096, 0.101）	（0.887, 0.934, 0.980）	（0.916, 0.946, 0.976）
S8	（7.371, 7.630, 7.889）	（2.817, 2.886, 2.955）	（2.175, 2.323, 2.472）	（0.062, 0.075, 0.088）	（2.022, 2.042, 2.062）	（0.940, 0.974, 1.008）
S9	（5.718, 6.680, 7.642）	（3.317, 3.324, 3.331）	（1.852, 1.913, 1.975）	（0.082, 0.083, 0.084）	（0.837, 0.841, 0.844）	（0.736, 0.784, 0.831）
S10	（16.040, 17.520, 19.010）	（3.178, 3.276, 3.374）	（2.405, 2.581, 2.756）	（0.110, 0.117, 0.125）	（1.207, 1.295, 1.383）	（0.754, 0.090, 1.063）
S11	（18.076, 20.310, 22.544）	（1.255, 1.728, 2.201）	（1.801, 1.911, 2.022）	（0.074, 0.075, 0.076）	（0.625, 0.648, 0.671）	（1.142, 1.170, 1.199）
S12	（6.863, 7.090, 7.317）	（1.517, 1.740, 1.963）	（3.465, 3.750, 4.035）	（0.136, 0.140, 0.144）	（1.304, 1.390, 1.476）	（0.833, 0.880, 0.927）
S13	（38.373, 41.710, 45.047）	（1.131, 1.562, 1.993）	（1.932, 2.059, 2.187）	（0.100, 0.118, 0.137）	（0.755, 0.794, 0.832）	（1.148, 1.205, 1.263）
S14	（3.629, 4.330, 5.031）	（1.825, 2.346, 2.867）	（2.288, 2.439, 2.590）	（0.105, 0.111, 0.117）	（1.024, 1.036, 1.048）	（0.848, 0.885, 0.921）
S15	（39.619, 40.510, 41.401）	（2.439, 2.640, 2.841）	（3.425, 3.495, 3.565）	（0.244, 0.247, 0.250）	（0.969, 0.978, 0.988）	（0.961, 0.964, 0.967）
S16	（24.352, 26.760, 29.158）	（2.064, 2.072, 2.080）	（4.810, 5.228, 5.647）	（0.097, 0.119, 0.141）	（4.521, 4.557, 4.593）	（0.848, 0.950, 1.052）
S17	（11.475, 12.610, 13.745）	（2.210, 2.434, 2.658）	（2.641, 2.974, 3.307）	（0.056, 0.057, 0.058）	（1.428, 1.431, 1.433）	（0.751, 0.769, 0.788）
S18	（28.854, 32.060, 35.266）	（1.761, 2.106, 2.451）	（2.711, 2.789, 2.867）	（0.102, 0.116, 0.130）	（1.040, 1.073, 1.105）	（1.180, 1.211, 1.242）
S19	（11.622, 12.660, 13.698）	（1.385, 1.546, 1.707）	（2.788, 3.708, 4.628）	（0.171, 0.173, 0.174）	（2.064, 2.072, 2.080）	（1.275, 1.331, 1.388）
S20	（24.265, 24.610, 24.955）	（3.241, 3.470, 3.699）	（3.651, 3.909, 4.167）	（0.125, 0.132, 0.140）	（1.304, 1.317, 1.330）	（0.591, 0.627, 0.663）

附表 3 基于三角模糊数的洪湖水体中重金属经口摄入的非致癌风险水平（HQ_{ing}）

采样点	HQ_{ing}						HI_{ing}
	Zn	Cu	Cd	Cr	As	Pb	
S1	$[6.82\times10^{-4}, 8.25\times10^{-4}]$	$[4.46\times10^{-3}, 5.45\times10^{-3}]$	$[4.52\times10^{-3}, 5.43\times10^{-3}]$	$[1.59\times10^{-2}, 2.00\times10^{-2}]$	$[6.62\times10^{-2}, 8.69\times10^{-2}]$	$[2.68\times10^{-2}, 3.34\times10^{-2}]$	$[1.19\times10^{-1}, 1.52\times10^{-1}]$
S2	$[2.54\times10^{-3}, 3.10\times10^{-3}]$	$[4.62\times10^{-3}, 5.66\times10^{-3}]$	$[4.95\times10^{-3}, 6.27\times10^{-3}]$	$[2.69\times10^{-2}, 3.23\times10^{-2}]$	$[7.63\times10^{-2}, 9.22\times10^{-2}]$	$[3.45\times10^{-2}, 4.14\times10^{-2}]$	$[1.50\times10^{-1}, 1.81\times10^{-1}]$
S3	$[2.07\times10^{-3}, 2.52\times10^{-3}]$	$[3.54\times10^{-3}, 4.43\times10^{-3}]$	$[6.47\times10^{-3}, 7.87\times10^{-3}]$	$[1.80\times10^{-2}, 2.16\times10^{-2}]$	$[6.65\times10^{-2}, 8.06\times10^{-2}]$	$[4.05\times10^{-2}, 4.89\times10^{-2}]$	$[1.37\times10^{-1}, 1.66\times10^{-1}]$
S4	$[6.30\times10^{-3}, 7.59\times10^{-3}]$	$[1.94\times10^{-3}, 2.38\times10^{-3}]$	$[2.81\times10^{-3}, 3.46\times10^{-3}]$	$[1.23\times10^{-2}, 1.48\times10^{-2}]$	$[1.44\times10^{-1}, 1.73\times10^{-1}]$	$[1.99\times10^{-2}, 2.41\times10^{-2}]$	$[1.87\times10^{-1}, 2.25\times10^{-1}]$
S5	$[3.97\times10^{-4}, 4.81\times10^{-4}]$	$[1.84\times10^{-3}, 2.29\times10^{-3}]$	$[5.16\times10^{-3}, 6.19\times10^{-3}]$	$[1.03\times10^{-2}, 1.24\times10^{-2}]$	$[1.32\times10^{-1}, 1.62\times10^{-1}]$	$[4.45\times10^{-2}, 5.50\times10^{-2}]$	$[1.94\times10^{-1}, 2.38\times10^{-1}]$
S6	$[1.43\times10^{-3}, 1.75\times10^{-3}]$	$[2.36\times10^{-3}, 2.83\times10^{-3}]$	$[5.60\times10^{-3}, 6.73\times10^{-3}]$	$[3.04\times10^{-2}, 3.68\times10^{-2}]$	$[9.81\times10^{-2}, 1.18\times10^{-1}]$	$[2.69\times10^{-2}, 3.31\times10^{-2}]$	$[1.65\times10^{-1}, 1.99\times10^{-1}]$
S7	$[8.97\times10^{-4}, 1.08\times10^{-3}]$	$[2.42\times10^{-3}, 3.00\times10^{-3}]$	$[2.68\times10^{-3}, 3.25\times10^{-3}]$	$[8.69\times10^{-3}, 1.05\times10^{-2}]$	$[8.82\times10^{-2}, 1.06\times10^{-1}]$	$[3.94\times10^{-2}, 4.75\times10^{-2}]$	$[1.42\times10^{-1}, 1.72\times10^{-1}]$
S8	$[7.66\times10^{-4}, 9.53\times10^{-4}]$	$[2.02\times10^{-3}, 2.44\times10^{-3}]$	$[2.07\times10^{-3}, 2.57\times10^{-3}]$	$[1.91\times10^{-2}, 2.29\times10^{-2}]$	$[9.08\times10^{-2}, 1.10\times10^{-1}]$	$[1.85\times10^{-2}, 2.25\times10^{-2}]$	$[1.33\times10^{-1}, 1.61\times10^{-1}]$
S9	$[6.16\times10^{-4}, 7.61\times10^{-4}]$	$[2.33\times10^{-3}, 2.80\times10^{-3}]$	$[2.32\times10^{-3}, 2.78\times10^{-3}]$	$[7.86\times10^{-3}, 9.44\times10^{-3}]$	$[7.29\times10^{-2}, 8.85\times10^{-2}]$	$[1.53\times10^{-2}, 1.85\times10^{-2}]$	$[1.01\times10^{-1}, 1.23\times10^{-1}]$
S10	$[1.63\times10^{-3}, 1.98\times10^{-3}]$	$[2.29\times10^{-3}, 2.77\times10^{-3}]$	$[3.27\times10^{-3}, 3.98\times10^{-3}]$	$[1.20\times10^{-2}, 1.46\times10^{-2}]$	$[8.36\times10^{-2}, 1.04\times10^{-1}]$	$[2.06\times10^{-2}, 2.50\times10^{-2}]$	$[1.23\times10^{-1}, 1.52\times10^{-1}]$
S11	$[1.88\times10^{-3}, 2.30\times10^{-3}]$	$[1.18\times10^{-3}, 1.49\times10^{-3}]$	$[2.09\times10^{-3}, 2.51\times10^{-3}]$	$[6.04\times10^{-3}, 7.30\times10^{-3}]$	$[1.09\times10^{-1}, 1.32\times10^{-2}]$	$[1.52\times10^{-2}, 1.85\times10^{-2}]$	$[1.36\times10^{-1}, 1.64\times10^{-1}]$
S12	$[6.61\times10^{-4}, 7.98\times10^{-4}]$	$[1.21\times10^{-3}, 1.48\times10^{-3}]$	$[3.92\times10^{-3}, 4.73\times10^{-3}]$	$[1.29\times10^{-2}, 1.57\times10^{-2}]$	$[8.19\times10^{-2}, 9.93\times10^{-2}]$	$[2.98\times10^{-2}, 3.63\times10^{-2}]$	$[1.30\times10^{-1}, 1.58\times10^{-1}]$
S13	$[3.87\times10^{-3}, 4.72\times10^{-3}]$	$[1.07\times10^{-3}, 1.35\times10^{-3}]$	$[3.27\times10^{-3}, 4.04\times10^{-3}]$	$[7.39\times10^{-3}, 8.95\times10^{-3}]$	$[1.12\times10^{-1}, 1.36\times10^{-1}]$	$[1.64\times10^{-2}, 1.99\times10^{-2}]$	$[1.44\times10^{-1}, 1.75\times10^{-1}]$
S14	$[3.99\times10^{-4}, 4.94\times10^{-4}]$	$[1.61\times10^{-3}, 2.02\times10^{-3}]$	$[3.09\times10^{-3}, 3.75\times10^{-3}]$	$[9.68\times10^{-3}, 1.16\times10^{-2}]$	$[8.24\times10^{-2}, 9.97\times10^{-2}]$	$[1.94\times10^{-2}, 2.36\times10^{-2}]$	$[1.17\times10^{-1}, 1.41\times10^{-1}]$
S15	$[3.78\times10^{-3}, 4.56\times10^{-3}]$	$[1.84\times10^{-3}, 2.24\times10^{-3}]$	$[6.93\times10^{-3}, 8.34\times10^{-3}]$	$[9.15\times10^{-3}, 1.10\times10^{-2}]$	$[9.01\times10^{-2}, 1.08\times10^{-1}]$	$[2.80\times10^{-2}, 3.37\times10^{-2}]$	$[1.40\times10^{-1}, 1.68\times10^{-1}]$
S16	$[2.48\times10^{-3}, 3.03\times10^{-3}]$	$[1.45\times10^{-3}, 1.74\times10^{-3}]$	$[3.28\times10^{-3}, 4.09\times10^{-3}]$	$[4.26\times10^{-2}, 5.12\times10^{-2}]$	$[8.79\times10^{-2}, 1.08\times10^{-1}]$	$[4.16\times10^{-2}, 5.07\times10^{-2}]$	$[1.79\times10^{-1}, 2.19\times10^{-1}]$
S17	$[1.17\times10^{-3}, 1.43\times10^{-3}]$	$[1.69\times10^{-3}, 2.07\times10^{-3}]$	$[1.61\times10^{-3}, 1.93\times10^{-3}]$	$[1.34\times10^{-2}, 1.61\times10^{-2}]$	$[7.18\times10^{-2}, 8.66\times10^{-2}]$	$[2.36\times10^{-2}, 2.89\times10^{-2}]$	$[1.13\times10^{-1}, 1.37\times10^{-1}]$
S18	$[2.97\times10^{-3}, 3.63\times10^{-3}]$	$[1.45\times10^{-3}, 1.80\times10^{-3}]$	$[3.21\times10^{-3}, 3.95\times10^{-3}]$	$[1.00\times10^{-2}, 1.21\times10^{-2}]$	$[1.13\times10^{-1}, 1.36\times10^{-1}]$	$[2.23\times10^{-2}, 2.69\times10^{-2}]$	$[1.53\times10^{-1}, 1.85\times10^{-1}]$
S19	$[1.17\times10^{-3}, 1.43\times10^{-3}]$	$[1.07\times10^{-3}, 1.31\times10^{-3}]$	$[4.84\times10^{-3}, 5.82\times10^{-3}]$	$[1.94\times10^{-2}, 2.33\times10^{-2}]$	$[1.24\times10^{-1}, 1.50\times10^{-1}]$	$[2.90\times10^{-2}, 2.66\times10^{-2}]$	$[1.79\times10^{-1}, 2.18\times10^{-1}]$
S20	$[2.30\times10^{-3}, 2.77\times10^{-3}]$	$[2.42\times10^{-3}, 2.94\times10^{-3}]$	$[3.69\times10^{-3}, 4.48\times10^{-3}]$	$[1.23\times10^{-2}, 1.48\times10^{-2}]$	$[5.83\times10^{-2}, 7.08\times10^{-2}]$	$[3.11\times10^{-2}, 3.79\times10^{-2}]$	$[1.10\times10^{-1}, 1.34\times10^{-1}]$

附表 4　基于三角模糊数的洪湖水体中重金属经皮肤接触的非致癌风险水平（HQ_{derm}）

采样点	HQ_{derm}						HI_{derm}
	Zn	Cu	Cd	Cr	As	Pb	
S1	$[1.11\times10^{-5}, 1.18\times10^{-5}]$	$[8.11\times10^{-5}, 8.69\times10^{-5}]$	$[2.46\times10^{-3}, 2.59\times10^{-3}]$	$[8.66\times10^{-3}, 9.58\times10^{-3}]$	$[8.80\times10^{-4}, 1.01\times10^{-3}]$	$[9.73\times10^{-5}, 1.06\times10^{-4}]$	$[1.22\times10^{-2}, 1.34\times10^{-2}]$
S2	$[4.16\times10^{-5}, 4.45\times10^{-5}]$	$[8.40\times10^{-5}, 9.02\times10^{-5}]$	$[2.70\times10^{-3}, 3.00\times10^{-3}]$	$[1.46\times10^{-2}, 1.55\times10^{-2}]$	$[1.01\times10^{-3}, 1.07\times10^{-3}]$	$[1.25\times10^{-4}, 1.32\times10^{-4}]$	$[1.86\times10^{-2}, 1.98\times10^{-2}]$
S3	$[3.39\times10^{-5}, 3.62\times10^{-5}]$	$[6.43\times10^{-5}, 7.06\times10^{-5}]$	$[3.52\times10^{-3}, 3.76\times10^{-3}]$	$[9.79\times10^{-3}, 1.03\times10^{-2}]$	$[8.83\times10^{-4}, 9.40\times10^{-4}]$	$[1.47\times10^{-4}, 1.56\times10^{-4}]$	$[1.44\times10^{-2}, 1.53\times10^{-2}]$
S4	$[1.03\times10^{-4}, 1.09\times10^{-4}]$	$[3.53\times10^{-5}, 3.80\times10^{-5}]$	$[1.53\times10^{-3}, 1.65\times10^{-3}]$	$[6.69\times10^{-3}, 7.06\times10^{-3}]$	$[1.91\times10^{-3}, 2.02\times10^{-3}]$	$[7.24\times10^{-5}, 7.68\times10^{-5}]$	$[1.03\times10^{-2}, 1.10\times10^{-2}]$
S5	$[6.49\times10^{-6}, 6.90\times10^{-6}]$	$[3.34\times10^{-5}, 3.66\times10^{-5}]$	$[2.81\times10^{-3}, 2.96\times10^{-3}]$	$[5.61\times10^{-3}, 5.95\times10^{-3}]$	$[1.76\times10^{-3}, 1.89\times10^{-3}]$	$[1.62\times10^{-4}, 1.75\times10^{-4}]$	$[1.04\times10^{-2}, 1.10\times10^{-2}]$
S6	$[2.33\times10^{-5}, 2.51\times10^{-5}]$	$[4.28\times10^{-5}, 4.50\times10^{-5}]$	$[3.05\times10^{-3}, 3.22\times10^{-3}]$	$[1.66\times10^{-2}, 1.76\times10^{-2}]$	$[1.30\times10^{-3}, 1.38\times10^{-3}]$	$[9.79\times10^{-5}, 1.06\times10^{-4}]$	$[2.11\times10^{-2}, 2.23\times10^{-2}]$
S7	$[1.47\times10^{-5}, 1.55\times10^{-5}]$	$[4.40\times10^{-5}, 4.79\times10^{-5}]$	$[1.46\times10^{-3}, 1.55\times10^{-3}]$	$[4.74\times10^{-3}, 5.03\times10^{-3}]$	$[1.17\times10^{-3}, 1.24\times10^{-3}]$	$[1.43\times10^{-4}, 1.51\times10^{-4}]$	$[7.57\times10^{-3}, 8.04\times10^{-3}]$
S8	$[1.25\times10^{-5}, 1.37\times10^{-5}]$	$[3.67\times10^{-5}, 3.88\times10^{-5}]$	$[1.13\times10^{-3}, 1.23\times10^{-3}]$	$[1.04\times10^{-2} 1.10\times10^{-2}]$	$[1.21\times10^{-3}, 1.28\times10^{-3}]$	$[6.73\times10^{-5}, 7.17\times10^{-5}]$	$[1.28\times10^{-2}, 1.36\times10^{-2}]$
S9	$[1.01\times10^{-5}, 1.09\times10^{-5}]$	$[4.24\times10^{-5}, 4.46\times10^{-5}]$	$[1.26\times10^{-3}, 1.33\times10^{-3}]$	$[4.28\times10^{-3}, 4.54\times10^{-3}]$	$[9.68\times10^{-4}, 1.03\times10^{-3}]$	$[5.56\times10^{-5}, 5.89\times10^{-5}]$	$[6.62\times10^{-3}, 6.99\times10^{-3}]$
S10	$[2.66\times10^{-5}, 2.84\times10^{-5}]$	$[4.16\times10^{-5}, 4.41\times10^{-5}]$	$[1.78\times10^{-3}, 1.90\times10^{-3}]$	$[6.56\times10^{-3}, 7.00\times10^{-2}]$	$[1.11\times10^{-3}, 1.21\times10^{-3}]$	$[7.47\times10^{-5}, 7.97\times10^{-5}]$	$[9.59\times10^{-3}, 1.03\times10^{-2}]$
S11	$[3.07\times10^{-5}, 3.30\times10^{-5}]$	$[2.14\times10^{-5}, 2.38\times10^{-5}]$	$[1.14\times10^{-3}, 1.20\times10^{-3}]$	$[3.29\times10^{-3}, 3.49\times10^{-3}]$	$[1.45\times10^{-3}, 1.54\times10^{-3}]$	$[5.54\times10^{-5}, 5.89\times10^{-5}]$	$[5.99\times10^{-3}, 6.34\times10^{-3}]$
S12	$[1.08\times10^{-5}, 1.14\times10^{-5}]$	$[2.19\times10^{-5}, 2.36\times10^{-5}]$	$[2.14\times10^{-3}, 2.26\times10^{-3}]$	$[7.04\times10^{-3}, 7.50\times10^{-3}]$	$[1.09\times10^{-3}, 1.16\times10^{-3}]$	$[1.08\times10^{-4}, 1.16\times10^{-4}]$	$[1.04\times10^{-2}, 1.11\times10^{-2}]$
S13	$[6.33\times10^{-5}, 6.77\times10^{-5}]$	$[1.94\times10^{-5}, 2.15\times10^{-5}]$	$[1.78\times10^{-3}, 1.93\times10^{-3}]$	$[4.03\times10^{-3}, 4.28\times10^{-3}]$	$[1.49\times10^{-3}, 1.58\times10^{-3}]$	$[5.96\times10^{-5}, 6.35\times10^{-5}]$	$[7.44\times10^{-3}, 7.95\times10^{-3}]$
S14	$[6.52\times10^{-6}, 7.08\times10^{-6}]$	$[2.92\times10^{-5}, 3.22\times10^{-5}]$	$[1.68\times10^{-3}, 1.79\times10^{-3}]$	$[5.28\times10^{-3}, 5.57\times10^{-3}]$	$[1.10\times10^{-3}, 1.16\times10^{-3}]$	$[7.06\times10^{-5}, 7.52\times10^{-5}]$	$[8.16\times10^{-3}, 8.63\times10^{-3}]$
S15	$[6.18\times10^{-5}, 6.53\times10^{-5}]$	$[3.34\times10^{-5}, 3.57\times10^{-5}]$	$[3.78\times10^{-3}, 3.98\times10^{-3}]$	$[4.98\times10^{-3}, 5.26\times10^{-3}]$	$[1.20\times10^{-3}, 1.26\times10^{-3}]$	$[1.02\times10^{-4}, 1.07\times10^{-4}]$	$[1.02\times10^{-2}, 1.07\times10^{-2}]$
S16	$[4.06\times10^{-5}, 4.35\times10^{-5}]$	$[2.64\times10^{-5}, 2.78\times10^{-5}]$	$[1.79\times10^{-3}, 1.95\times10^{-3}]$	$[2.32\times10^{-2}, 2.45\times10^{-2}]$	$[1.17\times10^{-3}, 1.26\times10^{-3}]$	$[1.51\times10^{-4}, 1.62\times10^{-4}]$	$[2.64\times10^{-2}, 2.79\times10^{-2}]$
S17	$[1.91\times10^{-5}, 2.05\times10^{-5}]$	$[3.07\times10^{-5}, 3.29\times10^{-5}]$	$[8.77\times10^{-4}, 9.23\times10^{-4}]$	$[7.29\times10^{-3}, 7.68\times10^{-3}]$	$[9.54\times10^{-4}, 1.01\times10^{-3}]$	$[8.57\times10^{-5}, 9.22\times10^{-5}]$	$[9.26\times10^{-3}, 9.75\times10^{-3}]$
S18	$[4.85\times10^{-5}, 5.21\times10^{-5}]$	$[2.64\times10^{-5}, 2.87\times10^{-5}]$	$[1.75\times10^{-3}, 1.89\times10^{-3}]$	$[5.45\times10^{-3}, 5.77\times10^{-3}]$	$[1.50\times10^{-3}, 1.59\times10^{-3}]$	$[8.10\times10^{-5}, 8.57\times10^{-5}]$	$[8.86\times10^{-3}, 9.41\times10^{-3}]$
S19	$[1.92\times10^{-5}, 2.05\times10^{-5}]$	$[1.95\times10^{-5}, 2.10\times10^{-5}]$	$[2.64\times10^{-3}, 2.78\times10^{-3}]$	$[1.06\times10^{-2}, 1.11\times10^{-2}]$	$[1.65\times10^{-3}, 1.75\times10^{-3}]$	$[1.05\times10^{-4}, 1.16\times10^{-4}]$	$[1.50\times10^{-2}, 1.58\times10^{-2}]$
S20	$[3.76\times10^{-5}, 3.97\times10^{-5}]$	$[4.39\times10^{-5}, 4.69\times10^{-5}]$	$[2.01\times10^{-3}, 2.14\times10^{-3}]$	$[6.71\times10^{-3}, 7.07\times10^{-3}]$	$[7.75\times10^{-4}, 8.26\times10^{-4}]$	$[1.13\times10^{-4}, 1.21\times10^{-4}]$	$[9.69\times10^{-3}, 1.02\times10^{-2}]$

附表 5　基于三角模糊数的洪湖水体中重金属经口摄入和皮肤接触途径的综合非致癌风险水平

采样点	HQ						HI
	Zn	Cu	Cd	Cr	As	Pb	
S1	$[6.93\times10^{-4}, 8.37\times10^{-4}]$	$[4.55\times10^{-3}, 5.54\times10^{-3}]$	$[6.98\times10^{-3}, 8.02\times10^{-3}]$	$[2.45\times10^{-2}, 2.96\times10^{-2}]$	$[6.71\times10^{-2}, 8.79\times10^{-2}]$	$[2.69\times10^{-2}, 3.35\times10^{-2}]$	$[1.31\times10^{-1}, 1.65\times10^{-1}]$
S2	$[2.59\times10^{-3}, 3.15\times10^{-3}]$	$[4.71\times10^{-3}, 5.75\times10^{-3}]$	$[7.65\times10^{-3}, 9.26\times10^{-3}]$	$[4.15\times10^{-2}, 4.78\times10^{-2}]$	$[7.73\times10^{-2}, 9.32\times10^{-2}]$	$[3.46\times10^{-2}, 4.16\times10^{-2}]$	$[1.68\times10^{-1}, 2.01\times10^{-1}]$
S3	$[2.11\times10^{-3}, 2.56\times10^{-3}]$	$[3.60\times10^{-3}, 4.50\times10^{-3}]$	$[9.99\times10^{-3}, 1.16\times10^{-2}]$	$[2.78\times10^{-2}, 3.19\times10^{-2}]$	$[6.74\times10^{-2}, 8.15\times10^{-2}]$	$[4.07\times10^{-2}, 4.91\times10^{-2}]$	$[1.52\times10^{-1}, 1.81\times10^{-1}]$
S4	$[6.41\times10^{-3}, 7.70\times10^{-3}]$	$[1.98\times10^{-3}, 2.42\times10^{-3}]$	$[4.35\times10^{-3}, 5.11\times10^{-3}]$	$[1.90\times10^{-2}, 2.18\times10^{-2}]$	$[1.46\times10^{-1}, 1.75\times10^{-1}]$	$[2.00\times10^{-2}, 2.42\times10^{-2}]$	$[1.98\times10^{-1}, 2.36\times10^{-1}]$
S5	$[4.03\times10^{-4}, 4.88\times10^{-4}]$	$[1.87\times10^{-3}, 2.33\times10^{-3}]$	$[7.97\times10^{-3}, 9.15\times10^{-3}]$	$[1.59\times10^{-2}, 1.84\times10^{-2}]$	$[1.34\times10^{-1}, 1.64\times10^{-1}]$	$[4.47\times10^{-2}, 5.52\times10^{-2}]$	$[2.05\times10^{-1}, 2.49\times10^{-1}]$
S6	$[1.45\times10^{-3}, 1.77\times10^{-3}]$	$[2.40\times10^{-3}, 2.87\times10^{-3}]$	$[8.65\times10^{-3}, 9.95\times10^{-3}]$	$[4.70\times10^{-2}, 5.43\times10^{-2}]$	$[9.94\times10^{-2}, 1.19\times10^{-1}]$	$[2.70\times10^{-2}, 3.33\times10^{-2}]$	$[1.86\times10^{-1}, 2.21\times10^{-1}]$
S7	$[9.11\times10^{-4}, 1.10\times10^{-3}]$	$[2.47\times10^{-3}, 3.05\times10^{-3}]$	$[4.14\times10^{-3}, 4.80\times10^{-3}]$	$[1.34\times10^{-2}, 1.56\times10^{-2}]$	$[8.94\times10^{-2}, 1.08\times10^{-1}]$	$[3.96\times10^{-2}, 4.77\times10^{-2}]$	$[1.50\times10^{-1}, 1.80\times10^{-1}]$
S8	$[7.79\times10^{-4}, 9.67\times10^{-4}]$	$[2.06\times10^{-3}, 2.47\times10^{-3}]$	$[3.19\times10^{-3}, 3.79\times10^{-3}]$	$[2.95\times10^{-2}, 3.39\times10^{-2}]$	$[9.20\times10^{-2}, 1.11\times10^{-1}]$	$[1.86\times10^{-2}.2.26\times10^{-2}]$	$[1.45\times10^{-1}, 1.75\times10^{-1}]$
S9	$[6.26\times10^{-4}, 7.71\times10^{-4}]$	$[2.37\times10^{-3}, 2.84\times10^{-3}]$	$[3.58\times10^{-3}, 4.11\times10^{-3}]$	$[1.21\times10^{-2}, 1.39\times10^{-2}]$	$[7.38\times10^{-2}, 8.95\times10^{-2}]$	$[1.54\times10^{-2}, 1.85\times10^{-2}]$	$[1.08\times10^{-1}, 1.30\times10^{-1}]$
S10	$[1.65\times10^{-3}, 2.01\times10^{-3}]$	$[2.33\times10^{-3}, 2.81\times10^{-3}]$	$[5.06\times10^{-3}, 5.88\times10^{-3}]$	$[1.86\times10^{-2}, 2.16\times10^{-2}]$	$[8.47\times10^{-2}, 1.05\times10^{-1}]$	$[2.06\times10^{-2}, 2.51\times10^{-2}]$	$[1.31\times10^{-1}, 1.62\times10^{-1}]$
S11	$[1.91\times10^{-3}, 2.34\times10^{-3}]$	$[1.20\times10^{-3}, 1.52\times10^{-3}]$	$[3.23\times10^{-3}, 3.71\times10^{-3}]$	$[9.33\times10^{-3}, 1.08\times10^{-2}]$	$[1.11\times10^{-1}, 1.33\times10^{-1}]$	$[1.53\times10^{-2}, 1.86\times10^{-2}]$	$[1.42\times10^{-1}, 1.70\times10^{-1}]$
S12	$[6.72\times10^{-4}, 8.10\times10^{-4}]$	$[1.23\times10^{-3}, 1.51\times10^{-3}]$	$[6.05\times10^{-3}, 6.99\times10^{-3}]$	$[2.00\times10^{-2}, 2.32\times10^{-2}]$	$[8.30\times10^{-2}, 1.00\times10^{-1}]$	$[3.00\times10^{-2}, 3.65\times10^{-2}]$	$[1.41\times10^{-1}, 1.69\times10^{-1}]$
S13	$[3.93\times10^{-3}, 4.79\times10^{-3}]$	$[1.09\times10^{-3}, 1.37\times10^{-3}]$	$[5.05\times10^{-3}, 5.98\times10^{-3}]$	$[1.14\times10^{-2}, 1.32\times10^{-2}]$	$[1.14\times10^{-1}, 1.38\times10^{-1}]$	$[1.65\times10^{-2}, 2.00\times10^{-2}]$	$[1.52\times10^{-1}, 1.83\times10^{-1}]$
S14	$[4.05\times10^{-4}, 5.01\times10^{-4}]$	$[1.64\times10^{-3}, 2.05\times10^{-3}]$	$[4.78\times10^{-3}, 5.54\times10^{-3}]$	$[1.50\times10^{-2}, 1.72\times10^{-2}]$	$[8.35\times10^{-2}, 1.01\times10^{-1}]$	$[1.95\times10^{-2}, 2.37\times10^{-2}]$	$[1.25\times10^{-1}, 1.50\times10^{-1}]$
S15	$[3.84\times10^{-3}, 4.62\times10^{-3}]$	$[1.87\times10^{-3}, 2.27\times10^{-3}]$	$[1.07\times10^{-2}, 1.23\times10^{-2}]$	$[1.41\times10^{-2}, 1.62\times10^{-2}]$	$[9.13\times10^{-2}, 1.09\times10^{-1}]$	$[2.81\times10^{-2}, 3.38\times10^{-2}]$	$[1.50\times10^{-1}, 1.79\times10^{-1}]$
S16	$[2.52\times10^{-3}, 3.07\times10^{-3}]$	$[1.48\times10^{-3}, 1.77\times10^{-3}]$	$[5.07\times10^{-3}, 6.04\times10^{-3}]$	$[6.58\times10^{-2}, 7.57\times10^{-2}]$	$[8.91\times10^{-2}, 1.09\times10^{-1}]$	$[4.17\times10^{-2}, 5.09\times10^{-2}]$	$[2.06\times10^{-1}, 2.46\times10^{-1}]$
S17	$[1.19\times10^{-3}, 1.45\times10^{-3}]$	$[1.72\times10^{-3}, 2.10\times10^{-3}]$	$[2.49\times10^{-3}, 2.86\times10^{-3}]$	$[2.07\times10^{-2}, 2.37\times10^{-2}]$	$[7.28\times10^{-2}, 8.76\times10^{-2}]$	$[2.37\times10^{-2}, 2.90\times10^{-2}]$	$[1.23\times10^{-1}, 1.47\times10^{-1}]$
S18	$[3.02\times10^{-3}, 3.69\times10^{-3}]$	$[1.48\times10^{-3}, 1.83\times10^{-3}]$	$[4.96\times10^{-3}, 5.83\times10^{-3}]$	$[1.55\times10^{-2}, 1.78\times10^{-2}]$	$[1.15\times10^{-1}, 1.38\times10^{-1}]$	$[2.24\times10^{-2}, 2.70\times10^{-2}]$	$[1.62\times10^{-1}, 1.94\times10^{-1}]$
S19	$[1.19\times10^{-3}, 1.45\times10^{-3}]$	$[1.09\times10^{-3}, 1.34\times10^{-3}]$	$[7.47\times10^{-3}, 8.60\times10^{-3}]$	$[2.99\times10^{-2}, 3.44\times10^{-2}]$	$[1.26\times10^{-1}, 1.52\times10^{-1}]$	$[2.91\times10^{-2}, 3.67\times10^{-2}]$	$[1.94\times10^{-1}, 2.34\times10^{-1}]$
S20	$[2.34\times10^{-3}, 2.81\times10^{-3}]$	$[2.46\times10^{-3}, 2.99\times10^{-3}]$	$[5.70\times10^{-3}, 6.62\times10^{-3}]$	$[1.90\times10^{-2}, 2.19\times10^{-2}]$	$[5.91\times10^{-2}, 7.16\times10^{-2}]$	$[3.13\times10^{-2}, 3.80\times10^{-2}]$	$[1.20\times10^{-1}, 1.44\times10^{-1}]$

附表 6　基于三角模糊数的洪湖水体中重金属的致癌风险水平

采样点	Cd		Cr	As		Pb	CR
	CR_{ing}	CR_{derm}	CR_{ing}	CR_{ing}	CR_{derm}	CR_{ing}	
S1	$[6.98\times10^{-7}, 2.06\times10^{-6}]$	$[6.11\times10^{-8}, 1.58\times10^{-7}]$	$[9.69\times10^{-6}, 3.01\times10^{-5}]$	$[1.21\times10^{-5}, 3.91\times10^{-5}]$	$[1.61\times10^{-7}, 4.56\times10^{-7}]$	$[3.24\times10^{-7}, 9.94\times10^{-7}]$	$[2.31\times10^{-5}, 7.29\times10^{-5}]$
S2	$[7.65\times10^{-7}, 2.38\times10^{-6}]$	$[6.69\times10^{-8}, 1.83\times10^{-7}]$	$[1.64\times10^{-5}, 4.85\times10^{-5}]$	$[1.40\times10^{-5}, 4.15\times10^{-5}]$	$[1.86\times10^{-7}, 4.84\times10^{-7}]$	$[4.17\times10^{-7}, 1.23\times10^{-6}]$	$[3.18\times10^{-5}, 9.42\times10^{-5}]$
S3	$[1.00\times10^{-6}, 2.99\times10^{-6}]$	$[8.75\times10^{-8}, 2.30\times10^{-7}]$	$[1.10\times10^{-5}, 3.24\times10^{-5}]$	$[1.22\times10^{-5}, 3.63\times10^{-5}]$	$[1.62\times10^{-7}, 1.45\times10^{-6}]$	$[4.91\times10^{-7}, 1.45\times10^{-6}]$	$[2.49\times10^{-5}, 7.37\times10^{-5}]$
S4	$[4.35\times10^{-7}, 1.31\times10^{-6}]$	$[3.81\times10^{-8}, 1.01\times10^{-7}]$	$[7.49\times10^{-6}, 2.22\times10^{-5}]$	$[2.63\times10^{-5}, 7.79\times10^{-5}]$	$[3.50\times10^{-7}, 9.08\times10^{-7}]$	$[2.41\times10^{-7}, 7.17\times10^{-7}]$	$[3.49\times10^{-5}, 1.03\times10^{-4}]$
S5	$[7.97\times10^{-7}, 2.35\times10^{-6}]$	$[6.97\times10^{-8}, 1.81\times10^{-7}]$	$[6.28\times10^{-6}, 1.87\times10^{-5}]$	$[2.42\times10^{-5}, 7.29\times10^{-5}]$	$[3.22\times10^{-7}, 8.50\times10^{-7}]$	$[5.38\times10^{-7}, 1.64\times10^{-6}]$	$[3.22\times10^{-5}, 9.66\times10^{-5}]$
S6	$[8.66\times10^{-7}, 2.56\times10^{-6}]$	$[7.57\times10^{-8}, 1.96\times10^{-7}]$	$[1.85\times10^{-5}, 5.51\times10^{-5}]$	$[1.80\times10^{-5}, 5.31\times10^{-5}]$	$[2.39\times10^{-7}, 6.19\times10^{-7}]$	$[3.26\times10^{-7}, 9.86\times10^{-7}]$	$[3.80\times10^{-5}, 1.13\times10^{-4}]$
S7	$[4.14\times10^{-7}, 1.23\times10^{-6}]$	$[3.62\times10^{-8}, 9.47\times10^{-8}]$	$[5.30\times10^{-6}, 1.58\times10^{-5}]$	$[1.80\times10^{-5}, 4.79\times10^{-5}]$	$[2.15\times10^{-7}, 5.59\times10^{-7}]$	$[4.77\times10^{-7}, 1.41\times10^{-6}]$	$[2.26\times10^{-5}, 6.70\times10^{-5}]$
S8	$[3.19\times10^{-7}, 9.75\times10^{-7}]$	$[2.79\times10^{-8}, 7.48\times10^{-8}]$	$[1.16\times10^{-5}, 3.44\times10^{-5}]$	$[1.66\times10^{-5}, 4.94\times10^{-5}]$	$[2.21\times10^{-7}, 5.76\times10^{-7}]$	$[2.24\times10^{-7}, 6.69\times10^{-7}]$	$[2.91\times10^{-5}, 8.61\times10^{-5}]$
S9	$[3.58\times10^{-7}, 1.06\times10^{-6}]$	$[3.13\times10^{-8}, 8.11\times10^{-8}]$	$[4.80\times10^{-6}, 1.42\times10^{-5}]$	$[1.33\times10^{-5}, 3.98\times10^{-5}]$	$[1.77\times10^{-7}, 4.64\times10^{-7}]$	$[1.85\times10^{-7}, 5.49\times10^{-7}]$	$[1.89\times10^{-5}, 5.61\times10^{-5}]$
S10	$[5.06\times10^{-7}, 1.51\times10^{-6}]$	$[4.43\times10^{-8}, 1.16\times10^{-7}]$	$[7.34\times10^{-6}, 2.20\times10^{-5}]$	$[1.53\times10^{-5}, 4.67\times10^{-5}]$	$[2.03\times10^{-7}, 5.44\times10^{-7}]$	$[2.49\times10^{-7}, 7.44\times10^{-7}]$	$[2.36\times10^{-5}, 7.15\times10^{-5}]$
S11	$[3.23\times10^{-7}, 9.55\times10^{-7}]$	$[2.83\times10^{-8}, 7.33\times10^{-8}]$	$[3.69\times10^{-6}, 1.09\times10^{-5}]$	$[2.00\times10^{-5}, 5.93\times10^{-5}]$	$[2.66\times10^{-7}, 6.91\times10^{-7}]$	$[1.84\times10^{-7}, 5.50\times10^{-7}]$	$[2.45\times10^{-5}, 7.25\times10^{-5}]$
S12	$[6.06\times10^{-7}, 1.80\times10^{-6}]$	$[5.30\times10^{-8}, 1.38\times10^{-7}]$	$[7.89\times10^{-6}, 2.35\times10^{-5}]$	$[1.50\times10^{-5}, 4.47\times10^{-5}]$	$[1.99\times10^{-7}, 5.21\times10^{-7}]$	$[3.61\times10^{-7}, 1.08\times10^{-6}]$	$[2.41\times10^{-5}, 7.18\times10^{-5}]$
S13	$[5.05\times10^{-7}, 1.54\times10^{-6}]$	$[4.42\times10^{-8}, 1.18\times10^{-7}]$	$[4.51\times10^{-6}, 1.34\times10^{-5}]$	$[2.05\times10^{-5}, 6.12\times10^{-5}]$	$[2.73\times10^{-7}, 7.13\times10^{-7}]$	$[1.99\times10^{-7}, 5.93\times10^{-7}]$	$[2.61\times10^{-5}, 7.75\times10^{-5}]$
S14	$[4.78\times10^{-7}, 1.42\times10^{-6}]$	$[4.18\times10^{-8}, 1.09\times10^{-7}]$	$[5.91\times10^{-6}, 1.75\times10^{-5}]$	$[1.51\times10^{-5}, 4.49\times10^{-5}]$	$[2.01\times10^{-7}, 5.23\times10^{-7}]$	$[2.35\times10^{-7}, 7.02\times10^{-7}]$	$[2.20\times10^{-5}, 6.51\times10^{-5}]$
S15	$[1.07\times10^{-6}, 3.17\times10^{-6}]$	$[9.37\times10^{-8}, 2.43\times10^{-7}]$	$[5.58\times10^{-6}, 1.65\times10^{-5}]$	$[1.65\times10^{-5}, 4.87\times10^{-5}]$	$[2.19\times10^{-7}, 5.68\times10^{-7}]$	$[3.39\times10^{-7}, 1.00\times10^{-6}]$	$[2.38\times10^{-5}, 7.02\times10^{-5}]$
S16	$[5.08\times10^{-7}, 1.55\times10^{-6}]$	$[4.44\times10^{-8}, 1.19\times10^{-7}]$	$[2.60\times10^{-5}, 7.68\times10^{-5}]$	$[1.61\times10^{-5}, 4.85\times10^{-5}]$	$[2.14\times10^{-7}, 5.66\times10^{-7}]$	$[5.03\times10^{-7}, 1.51\times10^{-6}]$	$[4.34\times10^{-5}, 1.29\times10^{-4}]$
S17	$[2.49\times10^{-7}, 7.34\times10^{-7}]$	$[2.18\times10^{-8}, 5.63\times10^{-8}]$	$[8.16\times10^{-6}, 2.41\times10^{-5}]$	$[1.31\times10^{-5}, 3.90\times10^{-5}]$	$[1.75\times10^{-7}, 4.54\times10^{-7}]$	$[2.85\times10^{-7}, 8.61\times10^{-7}]$	$[2.20\times10^{-5}, 6.51\times10^{-5}]$
S18	$[4.97\times10^{-7}, 1.50\times10^{-6}]$	$[4.34\times10^{-8}, 1.15\times10^{-7}]$	$[6.10\times10^{-6}, 1.81\times10^{-5}]$	$[2.07\times10^{-5}, 6.13\times10^{-5}]$	$[1.75\times10^{-7}, 7.15\times10^{-7}]$	$[2.70\times10^{-7}, 8.00\times10^{-7}]$	$[2.79\times10^{-5}, 8.26\times10^{-5}]$
S19	$[7.48\times10^{-7}, 2.21\times10^{-6}]$	$[6.54\times10^{-8}, 1.70\times10^{-7}]$	$[1.18\times10^{-5}, 3.49\times10^{-5}]$	$[2.27\times10^{-5}, 6.75\times10^{-5}]$	$[3.02\times10^{-7}, 7.88\times10^{-7}]$	$[3.51\times10^{-7}, 1.09\times10^{-6}]$	$[3.60\times10^{-5}, 1.07\times10^{-4}]$
S20	$[5.70\times10^{-7}, 1.70\times10^{-6}]$	$[4.99\times10^{-8}, 1.31\times10^{-7}]$	$[7.51\times10^{-6}, 2.22\times10^{-5}]$	$[1.07\times10^{-5}, 3.19\times10^{-5}]$	$[1.42\times10^{-7}, 3.72\times10^{-7}]$	$[3.77\times10^{-7}, 1.13\times10^{-6}]$	$[1.93\times10^{-5}, 5.74\times10^{-5}]$

注：CR_{ing} 为经口摄入的重金属致癌风险水平，CR_{derm} 为经皮肤接触的重金属致癌风险水平

附表 7　洪湖水体中重金属的致癌风险等级及隶属度

重金属	I 级风险	II 级风险	III 级风险	IV 级风险	V 级风险
Cd	0.29	0.71			
Cr		0.04	0.96		
As			0.97	0.03	
Pb	1				
总风险			0.417	0.583	

附表 8　各采样点的综合致癌风险隶属于各风险等级的可信度

采样点	极低风险	低风险	低-中风险	中风险	中-高风险	高风险	极高风险
	I 级	II 级	III 级	IV 级	V 级	VI 级	VII 级
S1	0	0	0.541	0.459	0	0	0
S2	0	0	0.291	0.709	0	0	0
S3	0	0	0.514	0.486	0	0	0
S4	0	0	0.222	0.734	0.044	0	0
S5	0	0	0.277	0.723	0	0	0
S6	0	0	0.161	0.671	0.168	0	0

续表

采样点	极低风险	低风险	低-中风险	中风险	中-高风险	高风险	极高风险
	I 级	II 级	III 级	IV 级	V 级	VI 级	VII 级
S7	0	0	0.617	0.383	0	0	0
S8	0	0	0.367	0.633	0	0	0
S9	0	0	0.836	0.164	0	0	0
S10	0	0	0.550	0.450	0	0	0
S11	0	0	0.532	0.468	0	0	0
S12	0	0	0.543	0.457	0	0	0
S13	0	0	0.465	0.535	0	0	0
S14	0	0	0.650	0.350	0	0	0
S15	0	0	0.565	0.435	0	0	0
S16	0	0	0.078	0.584	0.338	0	0
S17	0	0	0.649	0.351	0	0	0
S18	0	0	0.405	0.595	0	0	0
S19	0	0	0.198	0.707	0.095	0	0
S20	0	0	0.806	0.194	0	0	0

附表 9　洪湖水体中重金属非致癌风险的确定性评价结果

采样点	Zn		Cu		Cd		Cr		As		Pb		HI_{ing}	HI_{derm}	HI
	HQ_{ing}	HQ_{derm}	HQ_{ing}	HQ_{derm}	HQ_{ing}	HQ_{derm}	HQ_{ing}	HQ_{derm}	HQ_{ing}	HQ_{derm}	HQ_{ing}	HQ_{derm}			
1	7.52×10^{-4}	1.15×10^{-5}	4.95×10^{-3}	8.40×10^{-5}	4.96×10^{-3}	2.52×10^{-3}	1.79×10^{-2}	9.10×10^{-3}	7.60×10^{-2}	9.44×10^{-4}	3.00×10^{-2}	1.02×10^{-4}	1.35×10^{-1}	1.28×10^{-2}	1.47×10^{-1}
2	2.82×10^{-3}	4.30×10^{-5}	5.13×10^{-3}	8.71×10^{-5}	5.44×10^{-3}	2.77×10^{-3}	2.96×10^{-2}	1.51×10^{-2}	8.43×10^{-2}	1.05×10^{-3}	3.79×10^{-2}	1.29×10^{-4}	1.65×10^{-1}	1.91×10^{-2}	1.84×10^{-1}
3	2.29×10^{-3}	3.50×10^{-5}	3.97×10^{-3}	6.74×10^{-5}	7.10×10^{-3}	3.62×10^{-3}	1.97×10^{-2}	1.00×10^{-2}	7.30×10^{-2}	9.06×10^{-4}	4.47×10^{-2}	1.52×10^{-4}	1.51×10^{-1}	1.48×10^{-2}	1.66×10^{-1}
4	6.94×10^{-3}	1.06×10^{-4}	2.16×10^{-3}	3.60×10^{-5}	3.09×10^{-3}	1.57×10^{-3}	1.35×10^{-2}	6.85×10^{-3}	1.58×10^{-1}	1.96×10^{-3}	2.19×10^{-2}	7.44×10^{-5}	2.06×10^{-1}	1.06×10^{-2}	2.16×10^{-1}
5	4.38×10^{-4}	6.69×10^{-6}	2.06×10^{-3}	3.49×10^{-5}	5.67×10^{-3}	2.88×10^{-3}	1.13×10^{-2}	5.75×10^{-3}	1.47×10^{-1}	1.82×10^{-3}	4.96×10^{-2}	1.68×10^{-4}	2.16×10^{-1}	1.07×10^{-2}	2.27×10^{-1}
6	1.58×10^{-3}	2.42×10^{-5}	2.59×10^{-3}	4.39×10^{-5}	6.15×10^{-3}	3.13×10^{-3}	3.35×10^{-2}	1.71×10^{-2}	1.08×10^{-1}	1.34×10^{-3}	2.99×10^{-2}	1.02×10^{-4}	1.82×10^{-1}	2.17×10^{-2}	2.03×10^{-1}
7	9.88×10^{-4}	1.51×10^{-5}	2.71×10^{-3}	4.59×10^{-5}	2.94×10^{-3}	1.50×10^{-3}	9.56×10^{-3}	4.87×10^{-3}	9.76×10^{-2}	1.21×10^{-3}	4.34×10^{-2}	1.47×10^{-4}	1.57×10^{-1}	7.78×10^{-3}	1.65×10^{-1}
8	8.57×10^{-4}	1.31×10^{-5}	2.23×10^{-3}	3.78×10^{-5}	2.27×10^{-3}	1.15×10^{-3}	2.10×10^{-2}	1.07×10^{-2}	9.97×10^{-2}	1.24×10^{-3}	2.04×10^{-2}	6.94×10^{-5}	1.46×10^{-1}	1.32×10^{-2}	1.60×10^{-1}
9	6.86×10^{-4}	1.05×10^{-5}	2.56×10^{-3}	4.34×10^{-5}	2.55×10^{-3}	1.30×10^{-3}	8.63×10^{-3}	4.39×10^{-3}	8.01×10^{-2}	9.95×10^{-4}	1.68×10^{-2}	5.71×10^{-5}	1.11×10^{-1}	6.80×10^{-3}	1.18×10^{-1}
10	1.80×10^{-3}	2.75×10^{-5}	2.53×10^{-3}	4.29×10^{-5}	3.60×10^{-3}	1.83×10^{-3}	1.34×10^{-2}	6.80×10^{-3}	9.35×10^{-2}	1.16×10^{-3}	2.27×10^{-2}	7.71×10^{-5}	1.38×10^{-1}	9.94×10^{-3}	1.47×10^{-1}
11	2.09×10^{-3}	3.19×10^{-5}	1.33×10^{-3}	2.26×10^{-5}	2.30×10^{-3}	1.17×10^{-3}	6.68×10^{-3}	3.40×10^{-3}	1.20×10^{-1}	1.49×10^{-3}	1.68×10^{-2}	5.71×10^{-5}	1.49×10^{-1}	6.17×10^{-3}	1.56×10^{-1}
12	7.29×10^{-4}	1.11×10^{-5}	1.34×10^{-3}	2.28×10^{-5}	4.30×10^{-3}	2.19×10^{-3}	1.43×10^{-2}	7.27×10^{-3}	9.04×10^{-2}	1.12×10^{-3}	3.30×10^{-2}	1.12×10^{-4}	1.44×10^{-1}	1.07×10^{-2}	1.55×10^{-1}
13	4.29×10^{-3}	6.55×10^{-5}	1.20×10^{-3}	2.04×10^{-5}	3.59×10^{-3}	1.83×10^{-3}	8.12×10^{-3}	4.13×10^{-3}	1.24×10^{-1}	1.54×10^{-3}	1.81×10^{-2}	6.16×10^{-5}	1.60×10^{-1}	7.65×10^{-3}	1.67×10^{-1}
14	4.45×10^{-4}	6.80×10^{-6}	1.81×10^{-3}	3.07×10^{-5}	3.39×10^{-3}	1.73×10^{-3}	1.07×10^{-2}	5.44×10^{-3}	9.04×10^{-2}	1.12×10^{-3}	2.15×10^{-2}	7.29×10^{-5}	1.28×10^{-1}	8.40×10^{-3}	1.37×10^{-1}
15	4.16×10^{-3}	6.36×10^{-5}	2.03×10^{-3}	3.45×10^{-5}	7.61×10^{-3}	3.88×10^{-3}	1.01×10^{-2}	5.13×10^{-3}	9.86×10^{-2}	1.22×10^{-3}	3.07×10^{-2}	1.04×10^{-4}	1.53×10^{-1}	1.04×10^{-2}	1.64×10^{-1}
16	2.75×10^{-3}	4.20×10^{-5}	1.60×10^{-3}	2.71×10^{-5}	3.61×10^{-3}	1.84×10^{-3}	4.69×10^{-2}	2.39×10^{-2}	9.76×10^{-2}	1.21×10^{-3}	4.61×10^{-2}	1.56×10^{-4}	1.98×10^{-1}	2.71×10^{-2}	2.26×10^{-1}
17	1.30×10^{-3}	1.98×10^{-5}	1.87×10^{-3}	3.18×10^{-5}	1.77×10^{-3}	9.00×10^{-4}	1.47×10^{-2}	7.48×10^{-3}	7.91×10^{-2}	9.82×10^{-4}	2.62×10^{-2}	8.88×10^{-5}	1.25×10^{-1}	9.50×10^{-3}	1.34×10^{-1}
18	3.29×10^{-3}	5.03×10^{-5}	1.63×10^{-3}	2.76×10^{-5}	3.53×10^{-3}	1.80×10^{-3}	1.10×10^{-2}	5.60×10^{-3}	1.24×10^{-1}	1.54×10^{-3}	2.46×10^{-2}	8.34×10^{-5}	1.68×10^{-1}	9.10×10^{-3}	1.77×10^{-1}
19	1.30×10^{-3}	1.99×10^{-5}	1.19×10^{-3}	2.03×10^{-5}	5.31×10^{-3}	2.71×10^{-3}	2.13×10^{-2}	1.08×10^{-2}	1.37×10^{-1}	1.70×10^{-3}	3.27×10^{-2}	1.11×10^{-4}	1.98×10^{-1}	1.54E−02	2.14×10^{-1}
20	2.53×10^{-3}	3.86×10^{-5}	2.67×10^{-3}	4.54×10^{-5}	4.05×10^{-3}	2.06×10^{-3}	1.36×10^{-2}	6.91×10^{-3}	6.47×10^{-2}	8.04×10^{-4}	3.44×10^{-2}	1.17×10^{-4}	1.22×10^{-1}	9.97×10^{-3}	1.32×10^{-1}

注：HQ_{ing}为经口摄入的重金属非致癌风险水平，HQ_{derm}为经皮肤接触的重金属非致癌风险水平

附表 10　模糊评价和确定性评价的非致癌风险水平对比

评价方法	HQ						HI
	Zn	Cu	Cd	Cr	As	Pb	
模糊评价	[1.93×10^{-3}, 2.43×10^{-3}]	[2.18×10^{-3}, 2.61×10^{-3}]	[5.85×10^{-3}, 6.81×10^{-3}]	[2.35×10^{-2}, 2.72×10^{-2}]	[9.37×10^{-2}, 1.14×10^{-1}]	[2.73×10^{-2}, 3.32×10^{-2}]	[1.52×10^{-1}, 1.86×10^{-1}]
确定评价	2.13×10^{-3}	2.42×10^{-3}	6.28×10^{-3}	2.53×10^{-2}	1.03×10^{-1}	3.02×10^{-2}	1.70×10^{-1}

附表 11　洪湖水体中重金属致癌风险的确定性评价结果

采样点	Cd		Cr	As		Pb	CR	风险等级
	CR_{ing}	CR_{derm}	CR_{ing}	CR_{ing}	CR_{derm}	CR_{ing}		
S1	1.29×10^{-6}	1.05×10^{-7}	1.79×10^{-5}	2.24×10^{-5}	2.78×10^{-7}	5.98×10^{-7}	4.26×10^{-5}	III
S2	1.41×10^{-6}	1.15×10^{-7}	3.03×10^{-5}	1.40×10^{-5}	1.86×10^{-7}	7.70×10^{-7}	4.67×10^{-5}	III
S3	1.85×10^{-6}	1.51×10^{-7}	2.03×10^{-5}	1.22×10^{-5}	1.62×10^{-7}	9.06×10^{-7}	3.55×10^{-5}	III
S4	8.03×10^{-7}	6.57×10^{-8}	1.38×10^{-5}	2.63×10^{-5}	3.50×10^{-7}	4.45×10^{-7}	4.18×10^{-5}	III
S5	1.47×10^{-6}	1.20×10^{-7}	1.16×10^{-5}	2.42×10^{-5}	3.22×10^{-7}	9.94×10^{-7}	3.87×10^{-5}	III
S6	1.60×10^{-6}	1.31×10^{-7}	3.43×10^{-5}	1.80×10^{-5}	2.39×10^{-7}	6.02×10^{-7}	5.48×10^{-5}	IV
S7	7.65×10^{-7}	6.25×10^{-8}	9.79×10^{-6}	1.61×10^{-5}	2.15×10^{-7}	8.81×10^{-7}	2.79×10^{-5}	III
S8	5.90×10^{-7}	4.82×10^{-8}	2.15×10^{-5}	1.66×10^{-5}	2.21×10^{-7}	4.14×10^{-7}	3.94×10^{-5}	III
S9	6.62×10^{-7}	5.41×10^{-8}	8.86×10^{-6}	1.33×10^{-5}	1.77×10^{-7}	3.42×10^{-7}	2.34×10^{-5}	III
S10	9.35×10^{-7}	7.64×10^{-8}	1.36×10^{-5}	1.53×10^{-5}	2.03×10^{-7}	4.59×10^{-7}	3.05×10^{-5}	III
S11	5.97×10^{-7}	4.88×10^{-8}	6.81×10^{-6}	2.00×10^{-5}	2.66×10^{-7}	3.41×10^{-7}	2.81×10^{-5}	III

续表

采样点	Cd		Cr	As		Pb	CR	风险等级
	CR_{ing}	CR_{derm}	CR_{ing}	CR_{ing}	CR_{derm}	CR_{ing}		
S12	1.12×10^{-6}	9.14×10^{-8}	1.46×10^{-5}	1.50×10^{-5}	1.99×10^{-7}	6.67×10^{-7}	3.16×10^{-5}	III
S13	9.33×10^{-7}	7.63×10^{-8}	8.33×10^{-6}	2.05×10^{-5}	2.73×10^{-7}	3.67×10^{-7}	3.05×10^{-5}	III
S14	8.83×10^{-7}	7.21×10^{-8}	1.09×10^{-5}	1.51×10^{-5}	2.01×10^{-7}	4.34×10^{-7}	2.76×10^{-5}	III
S15	1.98×10^{-6}	1.62×10^{-7}	1.03×10^{-5}	1.65×10^{-5}	2.19×10^{-7}	6.25×10^{-7}	2.98×10^{-5}	III
S16	9.38×10^{-7}	7.66×10^{-8}	4.80×10^{-5}	1.61×10^{-5}	2.14×10^{-7}	9.30×10^{-7}	6.63×10^{-5}	IV
S17	4.59×10^{-7}	3.75×10^{-8}	1.51×10^{-5}	1.31×10^{-5}	1.75×10^{-7}	5.27×10^{-7}	2.94×10^{-5}	III
S18	9.17×10^{-7}	7.50×10^{-8}	1.13×10^{-5}	2.07×10^{-5}	2.75×10^{-7}	4.99×10^{-7}	3.37×10^{-5}	III
S19	1.38×10^{-6}	1.13×10^{-7}	2.18×10^{-5}	2.27×10^{-5}	3.02×10^{-7}	6.48×10^{-7}	4.70×10^{-5}	III
S20	1.05×10^{-6}	8.61×10^{-8}	1.39×10^{-5}	1.07×10^{-5}	1.42×10^{-7}	6.96×10^{-7}	2.65×10^{-5}	III

注：CR_{ing}为经口摄入的重金属致癌风险水平，CR_{derm}为经皮肤接触的重金属致癌风险水平

附表 12　模糊评价和确定性评价的致癌风险水平对比

评价方法	Cd		Cr	As		Pb	CR
	CR_{ing}	CR_{derm}	CR_{ing}	CR_{ing}	CR_{derm}	CR_{ing}	
模糊评价	[5.86×10^{-7}, 1.75×10^{-6}]	[5.12×10^{-8}, 1.34×10^{-7}]	[9.28×10^{-6}, 2.76×10^{-5}]	[1.69×10^{-5}, 5.06×10^{-5}]	[2.25×10^{-7}, 5.90×10^{-7}]	[3.20×10^{-7}, 9.85×10^{-7}]	[2.74×10^{-5}, 8.16×10^{-5}]
确定评价	1.083×10^{-6}	8.84×10^{-8}	1.71×10^{-5}	1.74×10^{-5}	2.31×10^{-7}	6.07×10^{-7}	3.66×10^{-5}

附表 13 模糊评价 $\mathbf{Risk_A}$ 的模糊矩阵

采样点	Cr	Cu	Pb	Zn	Cd
S1	（1, 0, 0, 0, 0）	（1, 0, 0, 0, 0）	（1, 0, 0, 0, 0）	（1, 0, 0, 0, 0）	（0.489, 0.510, 0, 0, 0）
S2	（1, 0, 0, 0, 0）	（1, 0, 0, 0, 0）	（1, 0, 0, 0, 0）	（1, 0, 0, 0, 0）	（0.684, 0.316, 0, 0, 0）
S3	（1, 0, 0, 0, 0）	（1, 0, 0, 0, 0）	（1, 0, 0, 0, 0）	（1, 0, 0, 0, 0）	（0.185, 0.815, 0, 0, 0）
S4	（1, 0, 0, 0, 0）	（1, 0, 0, 0, 0）	（1, 0, 0, 0, 0）	（1, 0, 0, 0, 0）	（0.125, 875, 0, 0, 0）
S5	（1, 0, 0, 0, 0）	（1, 0, 0, 0, 0）	（1, 0, 0, 0, 0）	（1, 0, 0, 0, 0）	（0.272, 0.728, 0, 0, 0）
S6	（1, 0, 0, 0, 0）	（1, 0, 0, 0, 0）	（1, 0, 0, 0, 0）	（1, 0, 0, 0, 0）	（0.194, 0.806, 0, 0, 0）
S7	（1, 0, 0, 0, 0）	（1, 0, 0, 0, 0）	（1, 0, 0, 0, 0）	（1, 0, 0, 0, 0）	（0.212, 0.788, 0, 0, 0）
S8	（1, 0, 0, 0, 0）	（1, 0, 0, 0, 0）	（1, 0, 0, 0, 0）	（1, 0, 0, 0, 0）	（0, 0.998, 0.2, 0, 0）
S9	（1, 0, 0, 0, 0）	（1, 0, 0, 0, 0）	（1, 0, 0, 0, 0）	（1, 0, 0, 0, 0）	（0.184, 0.816, 0, 0, 0）
S10	（1, 0, 0, 0, 0）	（1, 0, 0, 0, 0）	（1, 0, 0, 0, 0）	（1, 0, 0, 0, 0）	（0, 0.973, 0.027, 0, 0）
S11	（1, 0, 0, 0, 0）	（1, 0, 0, 0, 0）	（1, 0, 0, 0, 0）	（1, 0, 0, 0, 0）	（0, 0.911, 0.089, 0, 0）
S12	（1, 0, 0, 0, 0）	（1, 0, 0, 0, 0）	（1, 0, 0, 0, 0）	（1, 0, 0, 0, 0）	（0.040, 0.885, 0.115, 0, 0）
S13	（1, 0, 0, 0, 0）	（1, 0, 0, 0, 0）	（1, 0, 0, 0, 0）	（1, 0, 0, 0, 0）	（0, 0.854, 0.146, 0, 0）
S14	（1, 0, 0, 0, 0）	（1, 0, 0, 0, 0）	（1, 0, 0, 0, 0）	（1, 0, 0, 0, 0）	（0, 0.992, 0.008, 0, 0）
S15	（1, 0, 0, 0, 0）	（1, 0, 0, 0, 0）	（1, 0, 0, 0, 0）	（1, 0, 0, 0, 0）	（0, 0.997, 0.003, 0, 0）
S16	（1, 0, 0, 0, 0）	（1, 0, 0, 0, 0）	（1, 0, 0, 0, 0）	（1, 0, 0, 0, 0）	（0, 0.528, 0, 0, 0）

附表 14 模糊评价 $Risk_B$ 的模糊矩阵

采样点	Cr	Cu	Pb	Zn	Cd
S1	(1, 0, 0, 0, 0)	(0.217, 0.783, 0, 0, 0)	(1, 0, 0, 0, 0)	(0, 0.785, 0.215, 0, 0)	(0, 0.105, 0.895, 0, 0)
S2	(1, 0, 0, 0, 0)	(0.588, 0.412, 0, 0, 0)	(0.699, 0.301, 0, 0, 0)	(0.761, 0.239, 0, 0, 0)	(0, 0.529, 0.471, 0, 0)
S3	(1, 0, 0, 0, 0)	(0.315, 0.685, 0, 0, 0)	(0.772, 0.228, 0, 0, 0)	(0.770, 0.230, 0, 0, 0)	(0, 0.343, 0.657, 0, 0)
S4	(1, 0, 0, 0, 0)	(0.431, 0.569, 0, 0, 0)	(0.782, 0.218, 0, 0, 0)	(0.774, 0.226, 0, 0, 0)	(0, 0.219, 0.781, 0, 0)
S5	(1, 0, 0, 0, 0)	(0.914, 0.086, 0, 0, 0)	(0.759, 0.241, 0, 0, 0)	(0.888, 0.112, 0, 0, 0)	(0, 0, 0.926, 0.074, 0)
S6	(1, 0, 0, 0, 0)	(0.879, 0.121, 0, 0, 0)	(0.791, 0.209, 0, 0, 0)	(0.739, 0.261, 0, 0, 0)	(0, 0.313, 0.687, 0, 0)
S7	(1, 0, 0, 0, 0)	(0.809, 0.191, 0, 0, 0)	(0.794, 0.206, 0, 0, 0)	(0.889, 0.111, 0, 0, 0)	(0, 0.360, 0.640, 0, 0)
S8	(1, 0, 0, 0, 0)	(0.686, 0.314, 0, 0, 0)	(0.825, 0.175, 0, 0, 0)	(0.724, 0.276, 0, 0, 0)	(0, 0.357, 0.643, 0, 0)
S9	(0.952, 0.048, 0, 0, 0)	(0.306, 0.694, 0, 0, 0)	(0.833, 0.167, 0, 0, 0)	(0.619, 0.381, 0, 0, 0)	(0, 0.309, 0.691, 0, 0)
S10	(1, 0, 0, 0, 0)	(0.537, 0.463, 0, 0, 0)	(0.814, 0.186, 0, 0, 0)	(0.648, 0.352, 0, 0, 0)	(0, 0.017, 0.983, 0, 0)
S11	(1, 0, 0, 0, 0)	(0.287, 0.713, 0, 0, 0)	(0.857, 0.143, 0, 0, 0)	(0.668, 0.312, 0, 0, 0)	(0, 0.379, 0.621, 0, 0)
S12	(1, 0, 0, 0, 0)	(0, 0.933, 0.067, 0, 0)	(0.842, 0.169, 0, 0, 0)	(0.561, 0.439, 0, 0, 0)	(0, 0.128, 0.872, 0, 0)
S13	(1, 0, 0, 0, 0)	(1, 0, 0, 0, 0)	(0.831, 0.169, 0, 0, 0)	(0.654, 0.346, 0, 0, 0)	(0, 0.374, 0.626, 0, 0)
S14	(1, 0, 0, 0, 0)	(0.021, 0.979, 0, 0, 0)	(0.879, 0.121, 0, 0, 0)	(0.670, 0.330, 0, 0, 0)	(0, 0.463, 0.537, 0, 0)
S15	(1, 0, 0, 0, 0)	(0.909, 0.091, 0, 0, 0)	(0.887, 0.113, 0, 0, 0)	(0.680, 0.320, 0, 0, 0)	(0, 0.326, 0.674, 0, 0)
S16	(1, 0, 0, 0, 0)	(0.302, 0.698, 0, 0, 0)	(0.843, 0.157, 0, 0, 0)	(0.671, 0.329, 0, 0, 0)	(0, 0.327, 0.673, 0, 0)

附表 15　洪湖表层沉积物中重金属的模糊综合风险评价结果

采样点	Cr	Cu	Pb	Zn	Cd
S1	（1, 0, 0, 0, 0）	（0.452, 0.548, 0, 0, 0）	（1, 0, 0, 0, 0）	（0.300, 0.549, 0.151, 0, 0）	（0.147, 0.227, 0.626, 0, 0）
S2	（1, 0, 0, 0, 0）	（0.711, 0.289, 0, 0, 0）	（0.789, 0.211, 0, 0, 0）	（0.833, 0.167, 0, 0, 0）	（0.205, 0.465, 0.330, 0, 0）
S3	（1, 0, 0, 0, 0）	（0.521, 0.479, 0, 0, 0）	（0.840, 0.160, 0, 0, 0）	（0.839, 0.161, 0, 0, 0）	（0.055, 0.485, 0.460, 0, 0）
S4	（1, 0, 0, 0, 0）	（0.601, 0.399, 0, 0, 0）	（0.848, 0.152, 0, 0, 0）	（0.842, 0.158, 0, 0, 0）	（0.037, 0.416, 0.547, 0, 0）
S5	（1, 0, 0, 0, 0）	（0.940, 0.060, 0, 0, 0）	（0.831, 0.169, 0, 0, 0）	（0.922, 0.078, 0, 0, 0）	（0.082, 0.218, 0.649, 0.051, 0）
S6	（1, 0, 0, 0, 0）	（0.915, 0.085, 0, 0, 0）	（0.854, 0.146, 0, 0, 0）	（0.817, 0.183, 0, 0, 0）	（0.058, 0.461, 0.481, 0, 0）
S7	（1, 0, 0, 0, 0）	（0.866, 0.134, 0, 0, 0）	（0.856, 0.144, 0, 0, 0）	（0.922, 0.078, 0, 0, 0）	（0.064, 0.488, 0.448, 0, 0）
S8	（1, 0, 0, 0, 0）	（0.780, 0.220, 0, 0, 0）	（0.877, 0.123, 0, 0, 0）	（0.806, 0.194, 0, 0, 0）	（0, 0.550, 0.450, 0, 0）
S9	（0.966, 0.034, 0, 0, 0）	（0.514, 0.486, 0, 0, 0）	（0.883, 0.117, 0, 0, 0）	（0.733, 0.267, 0, 0, 0）	（0.055, 0.461, 0.484, 0, 0）
S10	（1, 0, 0, 0, 0）	（0.676, 0.324, 0, 0, 0）	（0.870, 0.130, 0, 0, 0）	（0.754, 0.246, 0, 0, 0）	（0, 0.304, 0.696, 0, 0）
S11	（1, 0, 0, 0, 0）	（0.501, 0.499, 0, 0, 0）	（0.900, 0.100, 0, 0, 0）	（0.782, 0.218, 0, 0, 0）	（0, 0.539, 0.461, 0, 0）
S12	（1, 0, 0, 0, 0）	（0.300, 0.653, 0.047, 0, 0）	（0.890, 0.110, 0, 0, 0）	（0.693, 0.307, 0, 0, 0）	（0.040, 0.349, 0.611, 0, 0）
S13	（1, 0, 0, 0, 0）	（1, 0, 0, 0, 0）	（0.882, 0.118, 0, 0, 0）	（0.758, 0.242, 0, 0, 0）	（0, 0.527, 0.473, 0, 0）
S14	（1, 0, 0, 0, 0）	（0.315, 0.685, 0, 0, 0）	（0.916, 0.084, 0, 0, 0）	（0.769, 0.231, 0, 0, 0）	（0, 0.581, 0.419, 0, 0）
S15	（1, 0, 0, 0, 0）	（0.936, 0.064, 0, 0, 0）	（0.921, 0.079, 0, 0, 0）	（0.776, 0.224, 0, 0, 0）	（0, 0.526, 0.474, 0, 0）
S16	（1, 0, 0, 0, 0）	（0.511, 0.489, 0, 0, 0）	（0.890, 0.110, 0, 0, 0）	（0.770, 0.230, 0, 0, 0）	（0, 0.528, 0.472, 0, 0）